Quarzglas.

Seine Geschichte, Fabrikation und Verwendung.

Von

Dipl.-Ing. Paul Günther,

Assistent an der Großherzoglich Badischen landwirtschaftlichen
Versuchsanstalt Augustenberg.

Mit 10 Textfiguren.

Berlin.
Verlag von Julius Springer.
1911.

Alle Rechte, insbesondere das der
Übersetzung in fremde Sprachen, vorbehalten.

ISBN-13: 978-3-642-98614-7   e-ISBN-13: 978-3-642-99429-6
DOI: 10.1007/ 978-3-642-99429-6

Vorwort.

In den letzten 3 Jahren ungefähr ist in wissenschaftlichen und industriellen Kreisen das Interesse für eine neue „Glassorte", die wohl sicher eine große Zukunft hat, besonders rege geworden. Um nun auch weitere Kreise auf diesen neuen Industriezweig, die Quarzglasfabrikation, aufmerksam zu machen, habe ich mich vor Antritt meiner hiesigen Stellung unterfangen, im folgenden eine genaue geschichtliche Entwickelung des Quarzglases von den ersten Versuchen auf diesem Gebiete an, soweit mir die Angaben darüber zugänglich waren, sowie eine Zusammenstellung der Fabrikationsmethoden, der Eigenschaften und Verwendungen des Quarzglases zu geben.

Hierbei bin ich in freundlichster Weise von verschiedenen Seiten unterstützt worden. Vor allem habe ich meinem früheren hochgeschätzten Lehrer Herrn Geh. Reg.-Rat Prof. Dr. O. N. Witt-Charlottenburg für die Anregung zu dieser Arbeit meinen verbindlichsten Dank abzustatten. Ganz besonderen Dank sage ich auch an dieser Stelle der „Deutschen Quarzgesellschaft, Aktiengesellschaft" in Beuel-Bonn, die mir in liebenswürdigster Weise mit Literaturangaben und Überlassung von Quarzglas beratend zur Seite gestanden hat. Ebenso danke ich herzlichst der Firma W. C. Heraeus-Hanau für die mir freundlichst zur Verfügung gestellte Literaturzusammenstellung, sowie auch dem Herrn Professor Mehner-Berlin, dem ich sehr viele Anregungen und Ratschläge für diese Arbeit verdanke.

Augustenberg i. Baden, den 1. Februar 1911.

Dipl.-Ing. **Paul Günther.**

Inhaltsverzeichnis.

		Seite
I.	Geschichte des Quarzglases	5
II.	Ausgangsmaterial und Fabrikation aus Bergkristall	7
III.	Fabrikation aus Quarzsand	16
IV.	Die elektrischen Öfen im besonderen	25
V.	Verarbeitung der Quarzglasschmelze	40
VI.	Eigenschaften	42
	1. Physikalische Eigenschaften	42
	2. Chemische Eigenschaften	46
VII.	Verwendungen	48
	Literatur-Zusammenstellung	52

I. Geschichte des Quarzglases.

Auf dem schon seit den Zeiten der alten Ägypter bekannten Gebiete der Glasmacherkunst ist in den letzten Jahrzehnten viel Neues gefunden und geschaffen worden; aber unsere moderne Technik erfordert auf manchen Gebieten ein Glas, welches ganz andere Eigenschaften aufweisen muß als das bislang hergestellte. Besonders auf den Gebieten der Mikroskopie, der Thermometrie und der Chemie brauchen wir jetzt ein Glas, das plastischer, unauflöslicher, transparenter und vor allem beständiger bei plötzlichen großen Temperaturwechseln ist. Den neuesten Forschungen nun, besonders im letzten Jahrzehnt, ist es gelungen, im verglasten Quarz oder Sand ein solches Material zu finden, das wir allgemein „Quarzglas oder Quarzgut", die Engländer „verglaste Silika" nennen. Zwar ist die Bezeichnung „Quarzglas" an und für sich ungenau, da der Begriff des Glases sich auf eine Mischung von Kiesel und Alkalien, auf ein Silikatgemenge verschiedener Zusammensetzung bezieht. Dieses Silikat unterscheidet sich in seinem Verhalten chemischen und Temperatureinflüssen gegenüber so wesentlich von dem sogenannten Quarzglas, daß man dem letzteren eine ganz andere Natur zusprechen muß, wie später näher erläutert werden wird.

In seinem im März 1901 vor der Royal Institution in London gehaltenen Vortrag [1]) erwähnt Shenstone, daß solcher verglaster Quarz zuerst im Jahre 1839 von Gaudin hergestellt wurde, der daraus Quarzfäden spann und diese auf ihre Biegsamkeit prüfte. Auch machte er daraus bereits sehr harte kleine Kügelchen, indem er geschmolzenen Quarz in kaltes Wasser tropfen ließ, und beobachtete schon deren Inaktivität gegen polarisiertes Licht. Dann wurde drei Jahrzehnte lang nichts besonderes auf

---

[1]) A discourse delivered at the Royal Institution on March 8 th 1901 by W. A. Shenstone, Nature, vol. 64, 1901, pag. 65—67.

diesem Gebiete gefunden, bis im Jahre 1869 Gautier den verglasten Quarz von neuem entdeckte und daraus Kapillarröhren und Spiralen herstellte, die im Jahre 1878 auf der Pariser Weltausstellung zu sehen waren. Aber selbst mit Hilfe des elektrischen Ofens gelang es ihm noch nicht, größere Gegenstände daraus herzustellen. Auch nach diesen Erfindungen ruhten auf diesem Gebiete die Arbeiten wieder ein Jahrzehnt lang, wenigstens drangen keine bedeutenden Errungenschaften an die Öffentlichkeit. Erst im Jahre 1889 griff C. V. Boys dieses Problem wieder auf; er stellte sich „Quarzfäden" her, die er zum Messen von kleinen Kräften benutzte, außerdem Röhren und kleine Kugeln. Er war, wie Shenstone sagt, „der erste, der den großen Wert dieser bemerkenswerten Substanz voll und ganz erkannte". Nach und nach wurden auch in Deutschland Versuche zum Schmelzen des Bergkristalls vorgenommen, und im Jahre 1899 bereits gelang es Heraeus in Hanau, größere Mengen Bergkristall auf einmal im Knallgasofen zu schmelzen, wozu er Gefäße aus reinem Iridium benutzte. Fast gleichzeitig glückte es auch der Firma Schott, im elektrischen Lichtbogen größere klare Stücke geschmolzenen Bergkristalls zu gewinnen, welche auf der Pariser Welt-Ausstellung 1900 ausgestellt waren. Sehr bald gelangte Heraeus mit Hilfe der Firma Dr. Siebert und Kühn in Cassel dazu, dieses so geschmolzene Glas vor dem Knallgasgebläse zu Gefäßen zu verarbeiten [1]. In neuerer Zeit hat dann noch außer Shenstone [2] Hutton [3] seine Versuche veröffentlicht, rohe und dicke Röhren aus Quarzglas im elektrischen Lichtbogen zu formen. In den nun folgenden Jahren sind dann bis zur Gegenwart die Versuche ununterbrochen fortgesetzt und viele Verbesserungen in den technischen Fabrikationsmethoden gefunden worden, die in den zahlreichen unten ausführlicher zu behandelnden Patenten veröffentlicht worden sind. Als die bedeutendsten Erfinder sind hier zu nennen: Heraeus, Bredel, Mehner, Bolle, Bottemley und Paget, Vogel, Völker u. a.

---

[1] Berichte bzw. Verhandlungen des Internationalen Chemiker-Kongresses, Berlin 1903: Vortrag von Heraeus über Quarzglas.
[2] Siehe Anm. S. 5.
[3] Transactions of the American Electrochemical Society, vol. II, 1902, S. 105.

II. Ausgangsmaterial und Fabrikation aus Bergkristall.

Als Ausgangsmaterial zur Gewinnung dieses neuen „Glases" wird der Quarz, das Siliciumdioxyd, auch Kieselsäure genannt, benutzt. Dieser findet sich in zahlreichsten Formen und ist ein sehr verbreitetes Material. Er tritt auf in großen und kleinen Kristallen (Bergkristall) in körniger und dichter Zusammensetzung und ist unter den verschiedensten Namen bekannt. Als Mineral gehört er in die Ordnung der Anhydride und zeichnet sich durch große Härte (7) aus. Sein spezifisches Gewicht schwankt zwischen 2,4 und 2,8. Der sogenannte gemeine Quarz findet sich als Sandgerölle oder Sandstein, z. T. weiß (Milchquarz), rosarot (Rosenquarz), gelb oder undurchsichtig (Eisenkiesel), z. T. kristallisiert oder eingesprengt, zerhackt oder zellig, fast überall in Deutschland. Er besteht aus Kieselsäureanhydrid (SiO_2), enthält daneben meistens Eisen- oder Manganoxyd, Tonerde oder Magnesia oder auch andere Metalloxyde. Der Quarzsand, die Infusorienerde, wird gewaschen und gilt als eine ziemlich reine Kieselerde von 99,5 % SiO_2-Gehalt und findet schon seit den frühesten Zeiten in der Glasschmelzerei Verwendung. Von diesen verschiedensten Formen, in denen der Quarz auftritt, werden hauptsächlich zwei zur Quarzglasfabrikation verwandt, und zwar der Bergkristall und der Quarzsand. Ersterer findet sich in großen Lagern in Brasilien und wird, nach Deutschland transportiert, besonders von der Firma W. C. Heraeus in Hanau verarbeitet. Die „Deutsche Quarzgesellschaft" in Beuel benutzt bei ihren Fabrikationsmethoden den bei Bonn sich in großen Lagern befindenden reinen Quarzsand. Auf Grund dieser Unterschiede im Rohmaterial sind auch die Fabrikationsmethoden verschieden.

Wie schon oben erwähnt, gelang es Heraeus im Jahre 1899 bereits, Quarzglas in Iridiumgefäßen mittels des Knallgasgebläses in kleinen Mengen herzustellen. Auch konnte er mit Hilfe von Herrn Kühn damals schon Hohlkugeln von 50 ccm Inhalt aus einem einzigen Stück Quarzglas auf einmal blasen, und letzterer besaß große Geschicklichkeit darin, durch Zusammensetzung solcher Kugeln Gefäße herzustellen. Freilich war das Arbeiten nicht leicht, einmal wegen des gewaltigen Getöses der Knallgasgebläse und dann wegen der kolossalen Temperatur (über 2000°), bei der nur die Herstellung gelingt. Nähere Angaben über diese ersten Arbeitsmethoden gibt Heraeus in seinem Vortrage nicht. Ganz unabhängig von Heraeus stellte in diesem Jahre in England Shenstone Quarzglas her, worüber er in dem bereits oben erwähnten Vortrage ausführlich berichtete. Bei seinen Versuchen hat Shenstone festgestellt, daß der Quarz keine Berührung mit der Flamme vertragen kann, da er dann kracht und in Stücke zerfällt, und diese Stücke bei derselben Behandlung weiter zerbrechen. Wird aber der Quarz zerkleinert und in einem geeigneten Tiegel zur Rotglut erhitzt, so läßt er sich leichter bearbeiten. Schließlich fand Shenstone ein Mittel, das Splittern des Quarzes zu verhindern, und zwar darin, daß er den Quarz in kleinen Stücken bis auf 1000° erhitzte und dann rasch in kaltes Wasser warf. Er fand, daß hierbei der Quarz weiß und emailleähnlich wurde, und daß nach wiederholter derartiger Behandlung die Masse überhaupt nicht mehr in der Gebläseflamme zersplitterte. Dies ist die erste Stufe des Herstellungsprozesses für Quarzglas, der nun das Schmelzen und die Formung zu Gefäßen folgt, und auch hierbei hat Shenstone schon einige bemerkenswerte Resultate erzielt und durch seine Methoden die Grundlage und Anregung für weitere Arbeitsmethoden gegeben. Er stellte zunächst daraus Stangen her, indem er zwei kleine Bruchstücke der Masse an beiden Enden mit Platinzangen faßte und diese zusammen preßte, bis sie hafteten, und dann einen dritten, vierten usw. auf dieselbe Weise hinzufügte, bis eine rohe Stange fertig war. Letztere wurde dann wieder erhitzt und in feine Fäden von ungefähr 1 mm Durchmesser ausgezogen. Hierbei mußte er nur dafür sorgen, daß jede frische Masse des Materials langsam von unten nach oben erhitzt wurde, um so die Blasenbildung in dem Produkte möglichst zu vermeiden. Einige von diesen Fäden wickelte er gleich darauf um einen dicken Platindraht oder drehte sie zu einer Spirale zusammen (nach der Methode von Boys und Dufour) und erhitzte das Ganze langsam in der Knallgasflamme, bis die ganze Masse zusammenhaftete. Diese so hergestellte grobe Röhre wurde nun wieder erhitzt und an einem Ende geschlossen, an welches nun in gewöhnlicher Weise eine Kugel geblasen wurde. Diese wurde dann wieder ausgezogen und ergab eine ziemlich reguläre Röhre, welche er in der Weise verlängerte, daß er an dem anderen Ende der Röhre neue Schmelzmassen anfügte, hieraus abermals eine Kugel blies, und diese wieder auszog. Shenstone gibt allerdings selbst zu, daß diese Arbeitsmethode keineswegs vollkommen ist, da einmal wegen der ungleichen Erhitzung der angefügten Masse die kleinen Kugeln sehr leicht springen und außerdem die Gefäße zu roh aussehen. Durch das Ersetzen der gesprungenen Kugeln durch frische Masse wird der Prozeß kostspielig und zeitraubend. Nach vielem Mißglücken kam er auf den Gedanken, die Kugeln dadurch zu entwickeln, daß er dünne Ringe von Silika um die erste Kugel fügte, diese erhitzte, bis die weiche Masse sich auszudehnen begann, und dann von neuem daraus eine Kugel blies. Shenstone meint nun, daß diese Methode genügende Resultate gibt, und man mit derselben lange Röhren und andere Apparate sicher und schneller als vorher herstellen könnte. Hierin hat er sich aber doch wohl getäuscht, denn nach ihm hat keiner diese Art der Fabrikation wieder benutzt, wohl weil sie doch zu umständlich ist. Er erkannte auch die gute Eigenschaft des Quarzglases, die es vor dem gewöhnlichen Glase besonders auszeichnet, nämlich daß es niemals springt, wenn es in die Flamme gebracht wird, und daß fertige Apparate im Gegensatz zu gewöhnlichen Glasapparaten nicht gekühlt zu werden brauchen, da sie einen plötzlichen Temperaturwechsel wegen des außerordentlich geringen Ausdehnungskoeffizienten des geschmolzenen Quarzes sehr leicht ohne Schaden aushalten.

Ein Jahr nach der Veröffentlichung der Shenstoneschen Versuche tritt R. S. Hutton aus Manchester mit den Ergebnissen seiner Versuche auf diesem Gebiete an die Öffentlichkeit durch seinen Vortrag vor der American Electrochemical Society [1]). Er benutzte zuerst statt des Knallgasgebläses wie Heraeus und Shenstone den elektrischen Ofen. Mehrere Forscher vor ihm hatten gefunden, daß der direkt im elektrischen Lichtbogen geschmolzene Quarz durch die Bogenflamme stark reduziert wird zu Silika und Carborund, wodurch die Masse vollständig schwarz wird, daß dieselbe aber, wenn man Vorsichtsmaßregeln trifft, um eine oxydierende Wirkung um die Quarzmasse zu sichern, sehr leicht im elektrischen Lichtbogen geschmolzen werden kann, ohne daß irgendwelche Nachteile aus der Reduktion entstehen.

---

[1]) Siehe Anm. 3, S. 6.

Seine ersten Versuche bestanden darin, daß er den Quarz in einem magnetisch abgelenkten Lichtbogen erhitzte; hierbei machte er die wichtige Beobachtung, daß sofort, wenn der Quarz in direkte Berührung mit dem Lichtbogen gebracht wurde, eine schwarze Masse entstand, d. h. die reduzierende Wirkung des Lichtbogens eintrat. Wenn aber die Schmelzmasse in geringer Entfernung von dem Lichtbogen gelagert wurde, oxydierte der aufsteigende Luftzug den reduzierten Teil wieder und gab wieder eine durchsichtige Masse. Hutton fand aber, daß diese Arbeitsmethode sich nicht für den großen Betrieb eignen würde, und sein Bestreben ging dahin, ein Verfahren zu finden, das „man auf einem größeren Gebiete benutzen könnte".

Die zu diesem Resultate führenden Vorversuche stellte er in einem kleinen elektrischen Laboratoriumsofen an, der im wesentlichen vom Moissanschen Typus war. Hierin versuchte er zuerst, Quarzröhren mit dicken Wandungen und kleinen Bohrungen herzustellen, da er meinte, daß solche Röhren als Ausgangsmaterial zur Herstellung von Röhren, Kugeln und anderen Formen wissenschaftlicher Apparate viel brauchbarer wären. Hierzu benutzte er, wie die der Originalschrift beigegebene Skizze des Ofens zeigt, eine aus einem Graphitblock von $24 \times 2\frac{1}{2} \times 1$ engl. Zoll ausgehöhlte Form. Als eine Achse der Form wird ein kleiner Graphitstab ungefähr vom selben Durchmesser wie die Bohrung der gewünschten Röhre, an den Enden gestützt, eingeführt. Um diese Achse wird die Röhre hergestellt. Über der Form befinden sich die beiden Kohleelektroden, zwischen denen der Lichtbogen erzeugt wird. Als Schmelzmasse benutzte er den nach der Shenstone'schen Methode durch Abschrecken im kalten Wasser zerkleinerten Quarz. Der Ofen bestand aus Kalksteinblöcken, die Form selbst erhielt oberhalb des Lichtbogens eine Bedeckung aus Graphit, da der abbrechende Kalkstein den Quarz verunreinigen würde. In diesem Ofen konnte Hutton mit der ihm zur Verfügung stehenden Kraft von 50 Volt und 300 bis 500 Amp. sogar Röhren von 10 bis 20 engl. Zoll-Länge herstellen; aber er gibt selbst zu, daß diese von keiner besonderen Güte und Reinheit waren, da sie immer eine große Anzahl kleiner Luftblasen eingeschlossen enthielten. Es war nicht schwierig, die geschmolzene Masse aus der Form zu entnehmen, da, wie Hutton beobachtete, der Quarz kein Bestreben zeigt, an der Kohle, wenn beide rein sind, haften zu bleiben, was wahrscheinlich darin liegt, daß die gebildeten Kohlenoxyde eine direkte Berührung der Silika und der Kohle verhindern. Die nächsten Versuche machte Hutton in kleinen Kohleschmelztiegeln, da auf diese die Hitze viel leichter konzentriert werden konnte. Auf diese Weise konnte er mehrere linsenförmige Scheiben herstellen und wirklich geschmolzenen Quarz in großer Masse gewinnen. Die Beobachtung ließ darauf schließen, daß bei dem ersten Verfahren das Material sehr plastisch würde, da er dabei sah, daß es an der Oberfläche schmolz. In dem Tiegel jedoch konnte er die Masse oft in einem sehr flüssigen Zustande fließen sehen und bemerkte bei einem Versuche, bei welchem die Tiegelwand weggebrannt war, daß das Material tatsächlich aus dem Tiegel ausfloß. Hieraus schloß er, daß die geschmolzene Masse zum Gießen geeignet sein würde, wenn eine größere Heizkraft zum Schmelzen zur Verfügung stände. Hutton machte weiter die Beobachtung, daß reiner Sand, auf dieselbe Weise behandelt, keine befriedigenden Resultate liefert, und daß hieran die Luftblasen schuld sind. Diese würden, wie er meinte, verschwinden, sobald die Masse einige Zeit geschmolzen gehalten würde, damit erstere aufsteigen könnten. Die Versuche der späteren Forscher haben aber gezeigt, daß dieses Mittel allein diesem Übelstande nicht abhilft. Schließlich sei hier noch die von Hutton in seinem Vortrag erwähnte zweite Methode zur Herstellung von Quarzröhren angefügt. Hierbei wird ein Kohlestab oder Kohle in irgendeiner anderen gewünschten Form dadurch auf Weißglut gebracht, daß man einen elektrischen Strom hindurchschickt. Die Kohle umgibt man mit Sand oder fein verteiltem Bergkristall. Hierbei genügt momentan die Hitze, um eine mächtige Anhäufung der Quarzteilchen in der Nachbarschaft der erhitzten Kohle zu bewirken. Hutton meint, daß doch eine solche Methode zum Formen von Röhren oder anders geformten Massen, welche nachher im elektrischen Ofen oder mittels der Knallgasflamme geschmolzen werden, sehr brauchbar wäre, obwohl bei diesem Prozesse das Material nur an der Innenseite, in der Nähe der Kohle, geschmolzen wird. Er schließt seinen Vortrag mit den Worten: „Auf jeden Fall glaube ich, daß die mögliche Anwendung des elektrischen Ofens die ernste Aufmerksamkeit wiedererwecken kann, welche in diesem Augenblicke erforderlich zu sein scheint."

Er hatte sich darin auch nicht getäuscht, denn, wie wir sehen werden, benutzten alle späteren Forscher fast ausschließlich nur den elektrischen Ofen bei ihren Versuchen auf diesem Gebiete, wenn auch in den verschiedensten Formen. Sehr bald kam man nämlich zu der Überzeugung, daß man bei der Herstellung von Quarzglas einen gewöhnlichen Glasschmelzofen nicht benutzen konnte. Beim Schmelzen von reinem Quarz, der vorher pulverförmig war, blieb in diesem Falle derselbe so dickflüssig, daß Unreinheiten, Luft und Gasblasen gar nicht aufsteigen konnten und daher in diesem zähen Breie fest eingeschlossen blieben. Die Hitze aber so weit zu steigern, daß endlich auch hier ein dünner, feuerflüssiger Zustand erreicht wurde, dazu reichte weder die Kraft des gewöhnlichen Glasofens noch die Widerstandsfähigkeit der Häfen aus. Der Ofen mit den bislang als feuerfestes Material bekannten Steinen hielt die erforderliche Hitze nicht aus; denn sowie der größte Hitzedruck eintrat, begann es im Ofen zu tropfen, zu rinnen, und schließlich schwammen die feuerfesten Steine herab oder drangen in die klaffenden Fugen der Hintermauerung, ehe der eingesetzte Quarz selbst wirklich ins Schmelzen kam.

Auf Grund dieser Erfahrungen war es also das Bestreben, ein Ofenmaterial zu finden, das mehr leistete; als diese „feuerfesten Steine". In dem engl. Patent Nr. 24278 vom Jahre 1897 wird ein Verfahren vorgeschlagen, um schwer schmelzbare Oxyde nicht nur zu schmelzen, sondern auch formen zu können. Es besteht darin, daß man einen Metallkern durch die Masse der schwer schmelzbaren Oxyde legt und diesen Kern durch einen elektrischen Strom so stark erhitzt, daß um denselben herum diese Oxyde, wenn auch nicht völlig zum Schmelzen, so doch wenigstens zum Sintern gebracht werden. Mit diesem Vorschlage wurde zwar noch kein bedeutender Schritt vorwärts getan; aber er gab doch wenigstens einen Weg an, der einen Erfolg als nicht unmöglich erscheinen ließ.

Auch in Deutschland wurden weiter Versuche zur Herstellung geeigneter Schmelzverfahren für die schwer schmelzbaren Oxyde gemacht, und hier war es vor allem Ruhstrat in Göttingen, der 1902 mit einem diesbezüglichen Patente [1]) an die Öffentlichkeit trat. Dieses enthält „ein Verfahren zur Herstellung feuerfester Gegenstände durch Schmelzen schwer schmelzbarer Oxyde oder

---

[1]) D.R.P. Nr. 144913, Kl. 80b vom 28. November 1902.

Oxydgemische". Auch Ruhstrat setzte in die Form oder in das zu schmelzende Oxyd einen beliebigen Heizkörper als Kern ein, um den er die Schmelzmasse legte. Er geht hierbei aber insofern einen Schritt weiter, als der aus Kohle oder Graphit bestehende Heizkörper dadurch hergestellt wird, daß ein Zylinder aus Pappe oder Holz mit Kohlen- oder Graphitpulver bestrichen wird, nachdem man ihn auf eine massive Kohlenplatte gestellt und durch eine zweite solche Platte abgedeckt hat. Werden nun beide Kohlenplatten als Polköpfe mit den elektrischen Leitungen verbunden, so kann der Strom von dem oberen, positiven Pole nur dann zum unteren, negativen Pole gelangen, wenn er den Kohlen- oder Graphitanstrich des Papp- oder Holzzylinders als Weg benutzt. Außen um den Säulenkörper ist die Schmelzmasse angehäuft, auch vielleicht durch eine äußere Holz- oder Pappwand zusammengehalten, so daß der Zwischenraum zwischen der inneren Säule und der Außenwand auch als eine Art Form zu betrachten wäre. Der Kohle- oder Graphitüberzug der Säule wird beim Stromeinschalten heiß, glühend und verbrennt schließlich seine Papp- oder Holzunterlage und härtet sich dadurch. Ist seine Erhitzung groß genug, so wird das umlagernde Oxyd geschmolzen oder gesintert, so daß die Fortsetzung und das Durchschmelzen des ganzen Oxydvorrates nur eine Frage der Zeitdauer, der Stromstärke und der Haltbarkeit des inneren leitfähigen Kolezylinders ist. Ein solches Schmelzprodukt kann natürlich keinen großen Anspruch auf Reinheit machen, und dieses scheint auch bei diesem Patente weniger beabsichtigt zu sein. Falls man nun keinen elektrischen Strom von der nötigen Stärke zur Verfügung hat, soll nach einem Vorschlage des Patentinhabers der freie Innenraum der Pappsäule mit Thermit gefüllt werden, durch dessen Entzündung eine solche Erhitzung erfolgt, daß der Schmelzprozeß in wenigen Augenblicken erledigt ist.

Fast zur selben Zeit mit obigem Patente wurde das Patent Nr. 156756 vom 24. Dezember 1902 eingereicht, das insofern wieder einen Schritt vorwärts macht, als hier die Eigenschaften der seltenen Erden nicht nur in Anbetracht ihrer schweren Schmelzbarkeit, sondern auch in Rücksicht auf ihre geringe Neigung zur Schlackenbildung mit Flugasche usw. berücksichtigt werden. Der Patentinhaber schlägt hiervon besonders die Oxyde des Cer, Didym, Lanthan, Yttrium und Zirkon, ihre Gemische und ihre Salze vor. Die genügend starke Beimischung dieser allerdings sehr teuren Stoffe zu den bisher angewendeten Materialien für feuersichere Schmelzgefäße würde deren Feuersicherheit noch bedeutend erhöhen.

Auf Grund der Einsicht, daß die „feuerfesten Steine" für Schmelzhäfen nicht brauchbar waren, war man zu solchen aus sehr schwer schmelzbaren Metallen übergegangen. So benutzte Heraeus schon bei seinen ersten Versuchen 1899 Iridiumgefäße, deren Schmelzpunkt (2500^0) noch ca. 500^0 über dem des Quarzes liegt, wenn man 2000^0 für eine völlige Durchschmelzung des Quarzes als genügend erachtet. Eigentlich würden allerdings 2200 bis 2300^0 erforderlich sein, um den Quarz dünnflüssig zu machen, dann aber würde die Schmelze bis nahezu auf ihren Verdampfungspunkt erhitzt und dabei bedeutender Materialverlust eintreten. Heraeus machte nun bald die Beobachtung, daß der dickflüssige Quarz, selbst wenn man sich mit 2000^0 Erhitzungstemperatur begnügte, so fest am Iridiumgefäß haftete, daß durch eine Schmelzung dieses Gefäß unbrauchbar geworden war und zur Herstellung eines neuen wieder eingeschmolzen werden mußte. Dieses aber würde nicht nur an und für sich, sondern auch wegen des Materialverlustes, der dabei entsteht, sehr kostspielig werden. Außerdem zerstäubt aber auch bei dieser hohen Temperatur das Iridium teilweise und verunreinigt dadurch das gewonnene Quarzglas. Angeregt durch letzteres Patent, kam dann Heraeus nach längeren Versuchen dazu, im Jahre 1906 ein Patent über „das Verfahren zum Erschmelzen von Quarzglas oder Bergkristall oder dergl." anzumelden[1]). In diesem Patente erwähnt er zunächst die oben angeführten Mängel der Iridiumgefäße und weist nach, daß das Schmelzen des Bergkrystalls in Kohletiegeln sowie im elektrischen Lichtbogenofen sehr unvorteilhaft ist. Der Zweck seiner Erfindung besteht nun darin, das Verfahren der Herstellung von Quarzglas wesentlich zu verbilligen und gleichzeitig ein durchaus einwandfreies, nicht verunreinigtes Quarzglas zu erzielen. Zu diesem Zwecke ersetzt er das Iridiumschmelzgefäß durch ein solches aus gebrannter Zirkonerde. Letztere hat die Vorzüge, daß einmal ihr Schmelzpunkt mehrere 1000^0 über dem des Bergkristalls liegt, sie sich zweitens bei der Schmelz-

---

[1]) D.R.P. Nr. 179 570, Kl. 32 a, vom 23. Februar 1906.

temperatur des Quarzes nicht mit diesem verbindet, so daß also das in dem Zirkongefäße hergestellte Quarzglas vollständig rein ist. Das ist aber bei den anderen schwer schmelzbaren Stoffen, wie Magnesia, Kalk, Tonerde, Yttrium, Cer, nicht der Fall, da diese beim Schmelzen des Quarzes in solchen Gefäßen sofort mit dem Quarz kieselsaure Verbindungen eingehen. Schließlich haben die Zirkonerdegefäße noch den Vorteil, daß, wenn sie wirklich unbrauchbar geworden sind, das Material derselben immer leicht wieder gemahlen und zu neuen Häfen verarbeitet werden kann. Heraeus hebt schließlich noch hervor, daß es sich bei diesem Patente im Gegensatz zu dem Nr. 156 756, in dem auch schon die Zirkonerde als Material für feuerbeständige Häfen vorgeschlagen war, hauptsächlich um die Unangreifbarkeit der Zirkonerde durch SiO_2 handelt, durch die sich die Zirkon- und Thorerde von den übrigen in jener Patentschrift genannten seltenen Erden unterscheiden.

Bei diesen ersten Versuchen von Shenstone, Hutton, Heraeus hatte sich nun bald vielfach, wie schon erwähnt, der Übelstand herausgestellt, daß der geschmolzene Quarz vielfach Luftblasen eingeschlossen enthielt, die schwer auszutreiben waren. Daher ging das Bestreben aller, die sich damit beschäftigten, zunächst dahin, diesem Mangel abzuhelfen und solche Quarzschmelzverfahren zu finden, die auf die Herstellung eines chemisch reinen, vollständig durchgeschmolzenen, tadellosen Quarzmaterials für Apparate, wie sie die Physik und Chemie bedarf, und für Lampenkörper, wie sie die Elektrotechnik wünscht, berechnet und eingerichtet sind. Um zu diesem Resultate zu gelangen, muß das Rohmaterial in richtiger Weise bearbeitet werden. Vor der Besprechung der Patente, die diese Bearbeitung betreffen, muß aber noch ein Umstand besonders erwähnt werden. Nur solche Stoffe dürfen, wie bereits hervorgehoben, mit dem geschmolzenen Siliciumdioxyd, der Kieselerde, dem reinen Quarz in Berührung kommen, die mit demselben keine Verbindung eingehen. Nun aber verbindet sich das Silicium mit dem Kohlenstoff nach der Formel SiC im elektrischen Ofen bei einer Temperatur von ca. 3500^0 zu Siliciumkarbid oder Carborundum. Dieses aber ist kalt kein Leiter für Elektrizität; es wird aber ein Leiter, sowie es in den Zustand der Glühhitze kommt. Dann kann das Siliciumkarbid als elektrischer Widerstand durch die Steigerung der

Stromstärke und Spannung bis in die höchsten Stadien der Weißglut gebracht werden, bis es schmilzt, und so eine kostbare Form abgeben, in welcher der Quarz nicht nur geschmolzen, sondern auch geformt werden könnte, wenn das in der Form bei 2500° flüssig gewordene Siliciumdioxyd nicht die Neigung hätte, von dem Kohlengehalt des Siliciumkarbids etwas zu absorbieren. Dazu kommt noch ein Übelstand aller Karbide, daß sie sich erst in der höchsten Temperatur bilden und bei längerer Dauer derselben oder einem Überschreiten ihrer Bildungstemperatur wieder zersetzen. Abgesehen von losgelösten Partikelchen ist also für die Reinheit des geschmolzenen Quarzes auf diesem Wege auch keine Garantie zu übernehmen. Ganz dasselbe ist der Fall, wenn statt des Siliciumkarbids ein anderes Karbid oder reine Kohle in Form von Graphit usw. zu einem Schmelzgefäße oder einer Form verwendet wird. Aus diesem Grunde sind alle Patente, welche Kohleformen, Kohlekerne oder Kohlegefäße in irgendwelcher Form und Ausführung mit dem geschmolzenen Quarz in direkte Berührung bringen, als nicht ganz einwandfreie Patente anzusehen.

III. Fabrikation aus Quarzsand.

Als anderes Ausgangsmaterial wird, wie bereits oben erwähnt, der reine Quarzsand benutzt, und, der historischen Entwicklung folgend, ist hier zunächst das Patent von Jakob Bredel[1]) zu erwähnen. Dieses gipfelt in der Erkenntnis, daß man bis jetzt nur reinen Bergkristall geschmolzen habe; um nun diesen verhältnismäßig teuren Stoff durch reinen Quarzsand oder Kieselerde zu ersetzen, muß man ein Zwischenprodukt anfertigen, das man wohl „erschmolzenen oder gesinterten Quarz" nennen kann. Da dieser aber natürlich Luftblasen enthält und keine genügende Unempfindlichkeit gegen schroffen Temperaturwechsel besitzt, so wird nach Angabe des Patentinhabers dieses gesinterte Produkt in Stücke geschlagen, und diese werden dann genau so behandelt, wie es bei der Verwendung von reinem Bergkirstall geschieht, d. h. die einzelnen Stücke werden sortiert, die brauchbar befundenen zunächst bis auf 1000° erhitzt und dann mit Wasser abgeschreckt.

---

[1]) D.R.P. Nr. 157 464, Kl. 80 b, vom 12. März 1904.

Dieser Prozeß wird dann mehrmals wiederholt, bis das Material nur noch einen sehr geringen Ausdehnungskoeffizienten besitzt, also unempfindlich gegen großen Temperaturwechsel geworden ist. Dieses so erhaltene Zwischenprodukt wird dann geschmolzen und weiter verarbeitet. Hierüber spricht sich allerdings der Patentinhaber in diesem Patente nicht aus. In einem anderen, etwas später veröffentlichten Patente[1]) gibt ebenfalls Jakob Bredel ein anderes Verfahren zur Herstellung einer luftblasenfreien Schmelze an, das dadurch gekennzeichnet ist, daß in die geschmolzene Quarzsandmasse ein Dampf- oder Luftstrom eingepreßt wird, durch dessen Wirkung eine Quarzwolle entsteht, die dann, mit der untersten Schicht beginnend, um Blasenbildung zu vermeiden, zusammengeschmolzen und vor dem Schmelzen in eine Form gepreßt wird, welche auch gleich die verlangte Gestalt des Quarzkörpers liefert, und darin wird die Quarzwolle dann geschmolzen. Je heißflüssiger die Schmelze und je kräftiger die Einwirkung des heißen Luft- oder Dampfstrahles ist, desto feiner wird die Quarzwolle. In einem dritten Patente[2]) aus derselben Zeit wie die beiden obigen beschreibt Jakob Bredel ein anderes Verfahren, welches zu demselben Ziel, d. h. zur Gewinnung einer an Luftblasen freien Schmelze führen und dem Übelstande abhelfen soll, daß sich die im wesentlichen aus Kieselsäure bestehenden Stoffe wie Quarz infolge ihrer Schwerschmelzbarkeit und der infolgedessen eintretenden schnellen Abkühlung nur schwierig in die gewünschte Form bringen lassen. Um dieser raschen Abkühlung vorzubeugen, schlägt Bredel folgendes Verfahren vor. Der geschmolzene flüssige Quarz gelangt unmittelbar vom Schmelzofen durch einen luftleeren, beheizten Kanal in die an denselben angeschlossene, ebenfalls luftleere und beheizte Form. Der vermittels des Kanals luftdicht mit der Form verbundene Ofen wird mit dem Schmelzgut beschickt und verschlossen, worauf dann Ofen, Kanal und Form ausgepumpt werden. Das nun durch Außenbeheizung zum Schmelzen gebrachte Schmelzgut gleitet infolge seines Eigengewichtes in den Kanal und gelangt so in die Form. Eine solche Zusammenstellung der Gießform mit dem Zuführungskanal und das Evakuieren des Ganzen soll außer

---

[1]) D.R.P. Nr. 159 361, Kl. 32 a, Gr. 35, vom 22. März 1904.
[2]) D.R.P. Nr. 164 619, Kl. 32 a, Gr. 35, vom 9. März 1904.

18 Fabrikation aus Quarzsand.

der Verhütung der raschen Abkühlung die Wirkung haben, daß das Schmelzgut keinerlei Luftblasen, welche aus dem Kanal und der Gießform herrühren, aufnehmen kann. Doch der Erfolg lehrte, daß auch diese Verbesserung des Verfahrens noch nicht das blasenfreie Schmelzprodukt lieferte, was man sicher erwartet hatte. Deshalb wurden weitere Versuche gemacht, auf Grund deren Jakob Bredel am 27. November 1904 ein Patent[1]) veröffentlichte, nach dem das Schmelzprodukt im Schmelzofen selbst geläutert werden sollte. Das nach den oben erwähnten Patenten Nr. 157 464 und 159 361 hergestellte Zwischenprodukt soll nun nach Bredels Angaben in bestimmte Formgröße (Linsen- oder halbe Linsengröße) gebracht und dann in das Schmelzgefäß, eine am besten oben offene Muffel oder auch Röhre, eingeführt werden. Nachdem es auf etwa 1200° durch Außenbeheizung gebracht ist, bringt man ins Innere des Schmelzgefäßes, und zwar in unmittelbare Berührung mit dem Schmelzgut eine Knallgasflamme, in welcher jedoch ein großer Überschuß von Wasserstoff vorherrschen muß. Bei der im Schmelzgefäß befindlichen Temperatur ist das Schmelzgut für Wasserstoff durchlässig, und es spielt sich folgender Vorgang ab. Der zuströmende Wasserstoff durchdringt das Schmelzgut, verbindet sich mit dem Sauerstoff der Luft und verbrennt mit demselben, während der Stickstoff sowie der Wasserdampf von demselben verdrängt werden, bis an Stelle der Luft und des Wasserdampfes nur Wasserstoff im Schmelzgut eingeschlossen ist. Da aber die aus dem Schmelzgut entstehende Schmelze für Wasserstoff durchlässig ist, entstehen trotz der anfänglichen Anwesenheit von Wasserstoff keine Gasblasen im weiteren Verlaufe des Schmelzprozesses. Infolgedessen ist jede Gelegenheit zu Blasenbildungen in der Schmelze vermieden. Bei einer Temperatur von 1950 bis 2000° ist die Schmelze dünnflüssig und luftblasenfrei, während man bisher, um dieses Resultat zu erzielen, das Schmelzgut auf 2300° erhitzen mußte. Dieses selbe Verfahren mittels der an Wasserstoff reichen Knallgasflamme hat derselbe Patent-Inhaber auch noch in einem späteren Patente[2]) verwandt, nur daß er in diesem Falle das Rohmaterial in anderer Weise behandelte. Er stellte den zu erzeugenden Gegenstand durch Formen, z. B.

---

[1]) D.R.P. Nr. 168 574, Kl. 32 a, vom 27. November 1904.
[2]) D.R.P. Nr. 190 226, Kl. 32 a, Gr. 35 vom 10. Oktober 1906.

Patente von Bredel zum Schmelzen des Sandes. 19

durch Pressen bei gewöhnlicher Temperatur aus Kieselsäure in pulveriger Form her und setzte den so erhaltenen Formling einer Temperatur aus, welche unter dem Schmelzpunkt der SiO_2 lag, und bei welcher der Rohstoff schon zusammenfrittete. Letzteres trat bei etwa 1200 bis 1400° ein, und zwar fing der Rohstoff bei 1400° an, plastisch zu werden, während die Verglasung erst bei einer Temperatur von über 1700° beginnt. Als Rohstoff benutzte er des leichteren Zusammenfrittens wegen zerkleinerten Quarz, Bergkristall usw. in Sand- oder Mehlform. Man kann demselben auch solche Bindemittel zusetzen, die sich bei geringeren Temperaturen verflüchtigen und keinerlei Verbindungen mit dem Rohstoffe eingehen, und auch den mit dem Bindemittel versehenen Rohstoff in eine widerstandsfähige, z. B. aus Siliciumkarbid bestehende Form bringen. Der nun bei einer Temperatur von 1200 bis 1400° zusammengefrittete Quarzkörper, welcher nach dem Verkühlen gegebenenfalls von der Form befreit wird, bildet dann einen festen, widerstandsfähigen Körper von weißlicher perlmutterartiger Farbe und ist in seiner Wandung stark von Lufteinschlüssen durchsetzt. Um nun letztere zu entfernen und den gefritteten Gegenstand in den hellglasigen Zustand überzuführen, setzt man denselben der unmittelbaren Einwirkung einer Knallgasflamme aus, in welcher jedoch ein großer Überschuß an Wasserstoff enthalten ist. Hierbei spielt sich nun derselbe physikalisch-chemische Prozeß ab, wie er in dem letzten Patente ausführlich beschrieben ist.

Doch auch dieses Verfahren versagte und lehrte aufs neue, daß es auf derartigem Wege und auf dieser Basis wohl sehr schwer halten würde, ein tadelloses Produkt zu erhalten. Von dieser Ansicht ausgehend, nahm derselbe Erfinder das letzte Patent[1]) als „ein Verfahren zur Erzeugung von Gegenständen aus geschmolzenem Quarz". Zunächst handelte es sich um eine neue Schmelzweise, da das Knallgasgebläse doch nicht ausreichte. Um aber dieses anwenden zu können, bedarf es eines Materials für die Formen, welches eine Steigerung der Hitze auf 2300° gestattet, und welches zum Zwecke der elektrischen Widerstandserhitzung selbst für den Strom leitungsfähig ist. Um ein reines Material zum Einschmelzen zu haben, greift dieses Patent auf das Ver-

---

[1]) D.R.P. Nr. 175 867, Kl. 32 a, Gr. 35, vom 1. Oktober 1905.

fahren aus Patent Nr. 159 361 zur Erzeugung von Quarzwolle zurück. Der durch das neue Patent gesicherte Fortschritt besteht nun darin, daß erstens Siliciumkarbid als Formmaterial gewählt wird, zweitens, daß die Form mit Quarzwolle gefüllt und luftleer gemacht wird, und drittens, daß die bis 1200⁰ angeheizte Form als elektrischer Widerstand selbst in den Stromkreis eingeschaltet wird, um durch reine Widerstandserhitzung des erst bei 3500⁰ schmelzenden Siliciumkarbids die Quarzwolle in der Form fertig zu schmelzen, nachdem vor dem Einschalten des Stromes auf die heiße Form diese nochmals evakuiert wird.

Die oben genannten Patente von Bredel bilden also eine Gruppe für sich, die dadurch gekennzeichnet ist, daß Quarzsand als Ausgangsmaterial gewählt ist, welcher durch die Behandlung mit einfacher Außenbeheizung, dann durch die Kombination dieser mit dem Knallgasgebläse und endlich durch die Anwendung der elektrischen Widerstandserhitzung bisher nicht zu einem blasenfreien, wasserhell-durchsichtigen Quarzglas geschmolzen werden konnte, da die große Starrheit des nicht dünnflüssig genug herzustellenden Quarzes unüberwindliche Schwierigkeiten bietet.

Das letzterwähnte Bredelsche Patent bildet also sozusagen den Übergang zu einem Verfahren zur Herstellung einer flüssigen formbaren Quarzschmelze, indem Bredel hierbei bereits die elektrische Widerstandserhitzung einführt, die wir bei den nunmehr zu besprechenden Patenten in verschiedener Ausführung finden werden.

Da sei zuerst das deutsche Patent[1]) von James Francis Bottomley in Walsend-on-Tyne, Robert Salomon Hutton in Manchester und Arthur Paget in North Cray genannt, das „Verfahren und Vorrichtung zum Blasen von Quarzglasgegenständen" behandelt. Zwar handelt es sich hierbei noch nicht um ein vollständig ausgebildetes Verfahren zur Herstellung geblasener Gegenstände aus Quarz, sondern vorläufig nur um ein Schmelzverfahren, bei welchem ein Kern oder eine Platte als elektrischer Widerstand verwendet wird. Dieser Kern ist hohl und in seinem Mantel gelocht, so daß eingeleitete Preßluft in seiner ganzen Länge und auf seinem ganzen Umfange austreten kann. Aus demselben

---

[1]) D.R.P. Nr. 169 958, Kl. 32 a, vom 14. März 1905.

Grunde ist die Platte hohl und gelocht. Liegt nun der Kern oder die Platte in einem dicht verschließbaren Raume, Zylinder oder Kasten, welcher mit Quarzsand angefüllt ist, so wird dieser Sand angeschmolzen oder gesintert, wenn ein genügend starker Strom den Kern oder die Platte erhitzt. Ist dieser Schmelzprozeß eingetreten, dann wird bei einem Kern an beiden Stirnflächen oder bei einer vierseitigen Platte durch einen entsprechend geformten Rahmen mittels irgendeiner Vorrichtung die geschmolzene Masse an die Enden des Kernes oder auf die Ränder der Platte fest angedrückt, während durch die aus den Löchern im Kern oder in der Platte ausströmende heiße Preßluft die Masse vom Kern oder der Platte abgedrückt und gelöst wird. Nach erfolgter Fertigschmelze wird der Verschluß schnell geöffnet, und man kann nun den Quarzzylinder von dem Kern oder die Platte von ihrer Unterlage leicht abstreifen und dann letztere entsprechend weiter verarbeiten. Neben dieser elektrischen Widerstandserhitzung schlagen die Patentinhaber noch die Erhitzung mittels eines durch Strahlung wirkenden elektrischen Heizkörpers vor. Zu dem Zwecke legen sie dicht über das zu schmelzende Gut eine besondere elektrische Heizplatte, so daß die Masse durch Strahlung von der Platte aus erhitzt werden kann. Anstatt nur einer Platte können auch mehrere hintereinander oder parallel geschaltete Heizplatten angewandt werden. An 12 dem Originalpatent beigegebenen Figuren erläutern die Erfinder ihre Ideen.

Im selben Jahre veröffentlichten dieselben Erfinder ein zweites Patent[1]) für einen „elektrischen Ofen zur Erzeugung von Quarzglaszylindern". Diese Erfindung besteht aus einem elektrischen Ofen mit leicht lösbaren Elektroden und dazwischen angeordnetem Kern als Heizwiderstand. Die Ausführung ist so, daß der Kern mit der einen Elektrode fest verbunden ist, während die Verbindung mit der anderen Elektrode schnell gelöst und umgeklappt werden kann, so daß nun der noch heiße und von dem bereits vorher beschriebenen Kerne infolge der Preßluft abstehende Quarzzylinder abgezogen werden kann. Dieser Quarzzylinder ist auf der dem Kerne zugekehrten inneren Seite infolge der von diesem ausgestrahlten Hitze geschmolzen, an seiner Außenwand aber nur gesintert und rauh und von dem nicht am Schmelz-

---

[1]) D.R.P. Nr. 170 234, Kl. 32 a, vom 1. Juni 1905.

prozesse teilnehmenden Rohmaterial umgeben, aus welchem er sich also als ein glühender Zylinder, welcher noch bildsam ist, herausziehen läßt. Die sich sofort anschließende weitere Verarbeitung durch Ziehen, Blasen, Pressen, Verglasung von außen usw. erinnert sehr an den Glasprozeß. Es dürfte aber vorläufig noch zu bezweifeln sein, ob der schnell an seinen Flächen erstarrende Zylinder überhaupt noch so weit bildsam ist, daß mit ihm diese Prozesse vorgenommen werden können. Noch unmöglicher dürfte es sein, diese Arbeiten ohne maschinelle Hilfe und Preßluft auszuführen, da der Widerstand des zähen und schnell erstarrenden Materials rapid wächst. Damit der Zylinder allseitig gleichmäßig geschmolzen wird, richten die Patentinhaber den Ofen so ein, daß der Quarzzylinder, wenn er bereits innerlich geschmolzen und durch die Preßluft vom Kerne abgedrängt ist, mit dem ganzen Schmelzgute um seine Längsachse gedreht werden kann, um ihn zu zentrieren, d. h. ihm genaue Zylinderform zu geben. Der ganze Schmelzofen kann nicht nur in der Richtung der Längsachse gedreht, sondern auch vertikal aufgerichtet werden, sobald die Fabrikationsumstände dies verlangen. Damit die eiserne Außenwand des zylindrischen Ofens nicht von der Hitze angegriffen wird, ist der Abstand zwischen Heizkörper oder Kern und Ofenmantel so groß gewählt, daß die Schmelzhitze gar nicht durch die ganze Masse hindurchdringen kann, sondern noch eine Schutzwand von ungesintertem Rohmaterial um den Quarzzylinder freiläßt.

Ziehen wir, nachdem wir beide auf die Quarzsandverarbeitung basierten Gruppen kennen gelernt haben, das Fazit, so ist festzustellen, daß wohl vom finanziellen Standpunkte aus die Fabrikation aus dem billigen und massenhaft lagernden Quarzsande vorzuziehen ist, daß aber dieser Vorteil gegen das Verschmelzen eines reinen und teuren Bergkristalls wegen der damit verbundenen technischen und sachlichen Schwierigkeiten wohl mehr als aufgehoben wird. Außerdem ist mit dem Vorkommen von Kristallwasser und Lufteinschlüssen auch bei dem reinsten Quarz und Quarzsand mehr zu rechnen als bei dem wasserhellen und durchsichtigen Bergkristall. Wenn es sich nun um Geräte für den Gebrauch in chemischen Fabriken, Laboratorien und physikalischen Anstalten handelt, bei denen die Durchsichtigkeit des Materials gar nicht in Frage kommt, dann ist jedenfalls die Quarzsandschmelze im Vorteile; wo aber außer allen anderen Eigenschaften auch die glashelle Durchsichtigkeit eine Hauptbedingung ist, kann nur die Schmelze aus teurem Bergkristall zur Verwendung kommen. Auf diesem letztgenannten Gebiete arbeitet nun, wie bereits eingangs erwähnt, besonders die Firma Heraeus, und zwar bereits mit sehr schönem Erfolge.

Im Anschluß hieran seien noch zwei Patente besprochen, die von Heraeus gleichzeitig veröffentlicht wurden. Das erstere[1]) behandelt ein „Verfahren zur Herstellung von blasenfreiem Quarzglas". „Gegenüber einem anderen Verfahren, bei welchem Quarz langsam nur bis unter die für ihn kritische Temperatur von 570^0 erhitzt, dann aber zwecks schneller Überschreitung dieser Grenze gleich der Verglasungshitze ausgesetzt wird, erhitzt man, nach Heraeus, eine beliebige Menge haselnuß- bis wallnußgroßer Stücke Bergkristall in einem Tiegel oder ähnlichen Gefäße sehr langsam auf eine über 600^0 liegende Temperatur. Alsdann nimmt man mit einem geeigneten vorgewärmten Geräte (Zange oder dergl.) ein Stück des glühenden Inhaltes heraus und setzt es unter Vermeidung jeder Abkühlung sogleich der zur Verglasung nötigen Temperatur aus. Dies kann auf zweierlei Weise geschehen. Entweder verwendet man die direkte Flamme eines Knallgasgebläses und entfernt das Stück nicht eher aus dem Gebläse, als bis es vollkommen verglast ist, oder man wirft das Stück in ein in einem Knallgasofen oder einem elektrischen Ofen auf die Verglasungstemperatur erhitztes Gefäß aus geeignetem Stoffe. In beiden Fällen erhält man zunächst ein blasenfreies Stück Quarzglas. Nun verfährt man mit einem zweiten in gleicher Weise. Nimmt man die Verglasung in direktem Gebläse vor, so werden die verglasten Stücke zunächst einzeln aufbewahrt. Geschieht die Verglasung im Ofen, so wird das zweite Stück zu dem ersten geworfen und schmilzt mit diesem direkt zu einem größeren blasenfreien Stück zusammen, dem dann in gleicher Weise immer neue Stücke zugefügt werden, nachdem das vorhergehende verglast ist. Die Zusammensetzung der im direkten Gebläse verglasten Stücke geschieht entweder wieder im Gebläse oder in dem Verglasungsofen in der Weise, daß man erst ein neues Stück zufügt, wenn das vorher eingeworfene mit dem Tiegelinhalte schon

---

[1]) D.R.P. Nr. 175 385, Kl. 32 a, Gr. 35, vom 27. Oktober 1904.

zusammengeschmolzen ist. Auf diese Weise wird das Einschmelzen von Lufträumen vermieden, welche beim gleichzeitigen Einwurf der ganzen Menge oder mehrerer Stücke unvermeidlich sind."
Das zweite Patent[1]) betrifft „ein Verfahren zur Herstellung von Hohlkörpern aus Quarzglas". In Berücksichtigung der Tatsache, daß einerseits wegen der überaus großen Hitze des Materials und andererseits wegen der Starrheit und Zähigkeit desselben selbst bei 1700° keine Pfeife in die Masse eingetaucht, noch viel weniger aber diese zähe Masse wie beim gewöhnlichen Glasblasen durch eine Menschenlunge aufgeblasen werden könnte, verlangt dieses Patent zunächst die Herstellung eines geschmolzenen Blockes. Dieser wird durch Bohren oder Pressen in einen beliebig langen, dickwandigen, unten geschlossenen Zylinder oder Rohrstutzen verwandelt und an einem Blaserohr von Quarzglas befestigt, um dann von dem Knallgasgebläse weiter verarbeitet zu werden. Um den Quarzblock so weit zu formen, kann er als massives Stück unter höchster Erweichung vor dem Gebläse durch Einpressen eines Stempels in einem Gesenke gelocht werden, wenn der Stempel konisch geformt und beide Teile, Stempel und Gesenke, an den arbeitenden Flächen mit Platin oder Iridium überkleidet sind. Das Bohren des Loches könnte im kalten Rohblocke geschehen. Es würde ganz unmöglich sein, den an dem Rohre befestigten Zylinder oder gelochten Klumpen durch Aufblasen irgendwelche Form zu geben oder den gelochten Zylinder in eine Form zu legen und in dieser durch Einführen eines Stempels auszupressen, wie dies bei der gewöhnlichen Glasfabrikation geschieht. Zu einer derartigen Behandlung reicht der Grad der Weichheit des Quarzes, der vor dem Knallgasgebläse zu erzielen ist, bei weitem nicht aus. Man kann nur dann an ein Pressen denken, wenn der Klumpen einen bedeutend größeren Durchmesser hat als das Gesenke, wenn er hochgradig durch und durch erhitzt ist und dann der Stempel mit großer Kraft hineingepreßt wird. Die Quarzmasse zieht sich nun am Stempel in die Höhe, und der Zylinder ist mit Bodenstück auf dieselbe Weise gebildet worden, wie ein Zylinder aus einem Stück Blech gedrückt wird. Das Quarzglas fließt bei dieser Arbeitsweise nicht eigentlich, sondern wird durch starken mechanischen Druck in die Länge gezogen und so in die Form ein-

---

[1]) D.R.P. Nr. 172 466, Kl. 32 a, Gr. 35, vom 27. Oktober 1904.

geführt. Die Starrheit des Materials ist, wie man sieht, der Grund aller Fabrikationsschwierigkeiten, und diese werden sich nicht eher heben lassen, als bis es ein einwandfreies Verfahren zum Schmelzen des Quarzes gibt.

IV. Die elektrischen Öfen im besonderen.

Bei der Besprechung der Umwandlung des Rohmaterials in eine weiter verarbeitungsfähige Schmelze ließ es sich nicht vermeiden, bereits einige Verfahren zur Herstellung von Quarzglasgegenständen und die Konstruktion einiger Öfen zu erwähnen, da beides zu sehr voneinander abhängig ist. Im folgenden sollen nun im besondern die Konstruktionen der hierbei benutzten elektrischen Öfen auf Grund der vorhandenen Patente besprochen werden. Der letzterwähnte Ofen von Heraeus arbeitet bereits mit einem sogenannten Tauchkörper, dem Stempel, und hieran anschließend sollen zunächst die auf gleichem oder ähnlichem Prinzipe beruhenden Öfen ausführlicher behandelt werden.

Da ist zunächst der von der allerdings bereits erloschenen Berliner Firma Ludwig Bolle & Co.*) erfundene Ofen „zum Schmelzen und Läutern von Quarz" zu erwähnen. Das Prinzip dieses Ofens mit seinen verschiedenen Abänderungen und Verbesserungen, die alle von demselben Patentinhaber, Dr. August Voelker in Beuel-Bonn, herrühren, ist in vier Patenten[1] näher beschrieben. Das Hauptpatent ist das Nr. 204 537, während die anderen drei alle als Zusatzpatente zu diesem ersteren angemeldet sind. In dem Hauptpatente greift Bolle & Co. zunächst auf das bereits von Ruhstrat angegebene Verfahren[2] zurück, einen beliebig geformten Heizkörper als Kern in die Schmelzmasse einzuführen. Auch erwähnt er das im Patente Nr. 169 958[3] ausgeführte Verfahren, das Schmelzgut auf einer gelochten Platte

---

*) Diese ist in die „Deutsche Quarzgesellschaft, Aktiengesellschaft" in Beuel-Bonn übergegangen.

[1] D.R.P. Nr. 204 537, Kl. 32 a, Gr. 35, vom 23. November 1906. — D.R.P. Nr. 204 853, Kl. 32 a, Gr. 35, vom 26. Februar 1907. — D.R.P. Nr. 204 854, Kl. 32 a, Gr. 35, vom 26. April 1908. — D.R.P. Nr. 206 545, Kl. 32 a, Gr. 35, vom 3. Januar 1907.

[2] Siehe Anm. S. 12.

[3] Siehe Anm. S. 20.

oder um einen gelochten Kern liegend zu schmelzen, durch deren Öffnungen Preßluft in die Masse geblasen wird. Der Nachteil dieser beiden Verfahren besteht nun darin, daß das Schmelzgut insofern nur in beschränktem Maße erhitzt wird, als die Temperatur von 2000°, wenn auch wirklich der von dem Schmelzgut eingeschlossene Kern dieselbe erreicht, doch immer nur auf die den Kern unmittelbar berührende Schmelzgutschicht übertragen wird; die äußeren Schichten dagegen bleiben weit hinter dieser Temperatur zurück. Daher kann man den Quarz höchstens bis zu einer zähflüssigen Masse erweichen. Bei solchen beschränkten Erhitzungsmöglichkeiten kann aber das Schmelzgut unmöglich geläutert werden, und Gegenstand dieser Erfindung ist daher ein Verfahren, durch welches ein Läutern des Quarzschmelzgutes möglich ist. Dasselbe geht von dem durch das österreichische Patent Nr. 24 628 gesicherte Verfahren aus, bei welchem das Schmelzgut in einem Kohletiegel oder -rohr oder dergleichen geschmolzen wird. Hierbei bildet der Tiegel oder das Rohr gleichzeitig die eine und der Mantel, welcher die den Tiegel umgebende Heizwiderstandsmasse einschließt, die andere Elektrode. Hierdurch können die größtmöglichen Temperaturen erzielt werden, besonders wenn die Außenelektrode dickwandig, die Innenelektrode dagegen — der Tiegel — dünnwandig ist. Das wesentliche an der Erfindung ist nun, daß während des Schmelzprozesses der Schmelzraum durch Einführen eines den Schmelzraum ganz oder teilweise ausfüllenden Kohlekörpers verkleinert wird. Hierdurch entsteht im Schmelzraume eine bedeutend kleinere zu erhitzende Fläche zwischen der Außenwand des Tauchkörpers und der Innenwand des Schmelzgefäßes, und mithin wird für dieselbe die Schmelztemperatur eine bedeutend größere und das Schmelzgut infolgedessen in diesem kleinen Raume mehr durchgeschmolzen und so besser geläutert. Nach den Angaben des Patentinhabers kann man den Schmelzraum natürlich nicht so klein bemessen, daß er für die geschmolzene Masse eben ausreicht, weil ja das Schmelzgut im flüssigen Zustande weniger Raum einnimmt, dadurch nämlich, daß es sich alsdann der Form des Schmelzraumes genau anpaßt und ihn — seinem Volumen entsprechend — lückenlos ausfüllt. Gleichzeitig hat das Einführen des Tauchkörpers den Vorteil, daß man mit demselben den an den Innenwänden des Schmelztiegels festhaftenden Quarz abstreichen und die flüssige Masse

Elektrischer Ofen von Bolle. 27

aus dem Schmelzrohr in die Form ausstoßen kann. Das letztere kann aber auch, wie schon in anderen Patenten vorgeschlagen,

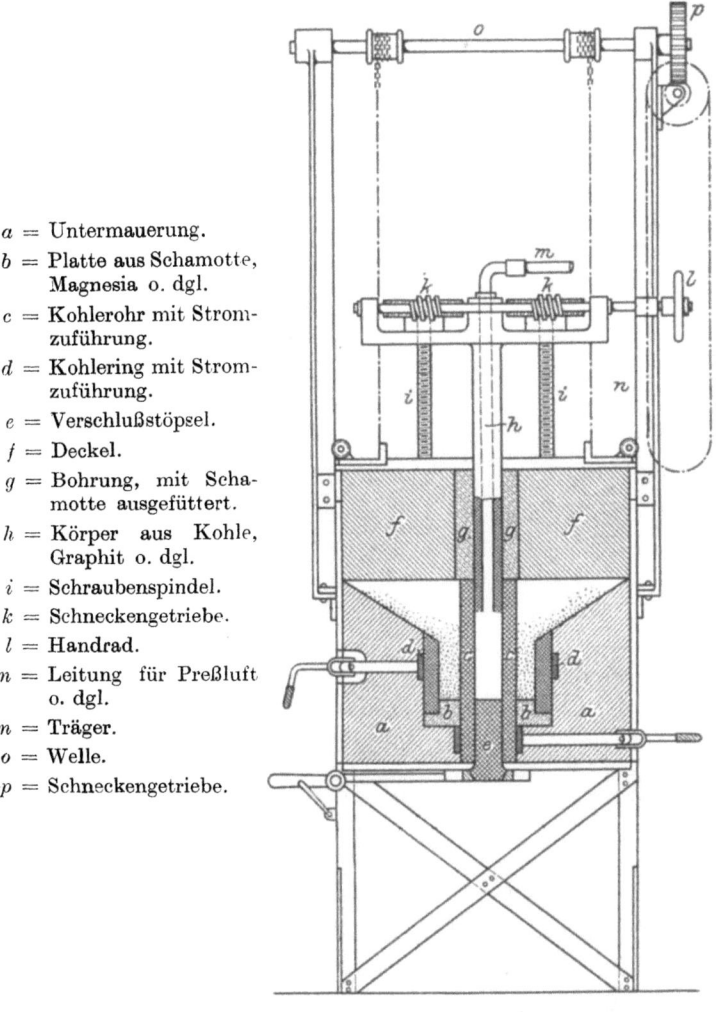

a = Untermauerung.
b = Platte aus Schamotte, Magnesia o. dgl.
c = Kohlerohr mit Stromzuführung.
d = Kohlering mit Stromzuführung.
e = Verschlußstöpsel.
f = Deckel.
g = Bohrung, mit Schamotte ausgefüttert.
h = Körper aus Kohle, Graphit o. dgl.
i = Schraubenspindel.
k = Schneckengetriebe.
l = Handrad.
m = Leitung für Preßluft o. dgl.
n = Träger.
o = Welle.
p = Schneckengetriebe.

Fig. 1.

mittels Preßluft geschehen, indem man in diesem Falle den Tauchkörper ausbohrt oder sonstwie aushöhlt und durch die Höhlung

28   Die elektrischen Öfen im besonderen.

Preßluft oder Dampf einbläst, welcher die Masse aus dem Schmelzraume herausdrückt. Die Zeichnung 1 gibt ein Bild von diesem Ofen, bei welchem die Bewegung des Tauchkörpers mittels eines

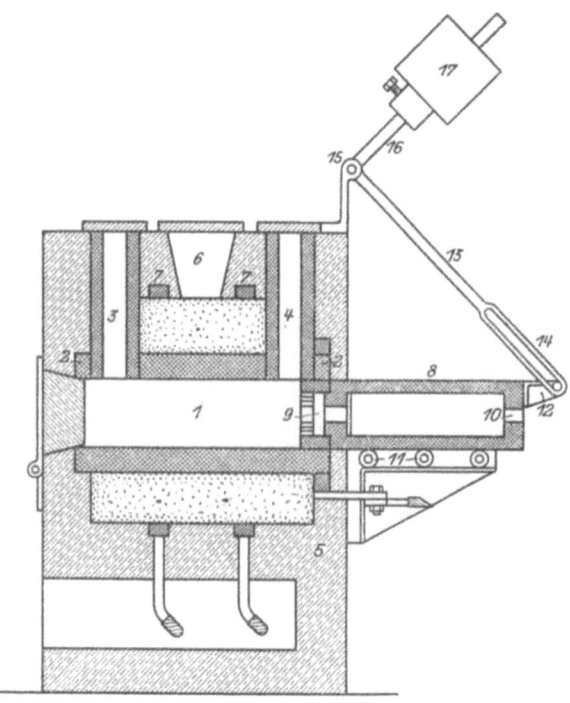

Fig. 2.

1 = Rohrförmiger Schmelztiegel.	8 = Tauchkörper.
2 = Elektroden.	9 = Druckteller.
3 u. 4 Zuführungskanäle für das Schmelzgut.	10 = Luftzuführungsöffnungen.
	11 = Rollen.
5 = Untermauerung aus Schamotte o. dgl.	12 = Ansatzstück.
	13 = Hebel.
6 = Trichterförmige Öffnung zum Einschütten d. Wiederstandsmasse.	14 = Schlitz.
	15 = Zapfen.
	16 = Starrer Hebel.
7 = Elektrodenringe.	17 = Gewicht.

Handrades geschieht; dadurch wird dieselbe allerdings sehr unregelmäßig. Diesem Übelstande wird nach dem zweiten Patente Nr. 204 853 von demselben Erfinder so abgeholfen, daß der Tauchkörper mit einem mechanischen Druckwerke in Verbindung gebracht wird, welches einen beständig gleichmäßigen Vorschub jenes Tauchkörpers und einen absolut gleichmäßigen Druck auf das Schmelzgut gewährleistet. Die zweite Neuerung in diesem Zusatzpatente ist die, daß der Schmelztiegel wagerecht liegt, und der mit einem zweckmäßig auswechselbaren Druckteller versehene Tauchkörper in horizontaler Lage in den Schmelzraum eingeführt wird und dabei gleichzeitig die beiden das Rohmaterial in den Schmelzraum führenden Kanäle absperrt. (Siehe Fig. 2.)

Das dritte Patent Nr. 204 856 geht nun insofern noch einen Schritt weiter, als hier die Patentinhaber ein Verfahren zur Weiterbearbeitung des geschmolzenen Gutes geben. Nach ihren Angaben wird nach vollendeter Schmelzung der Schmelztiegel aus dem Ofen herausgenommen und an seine Stelle eine Form in den Ofen eingeführt und um das am Tauchkörper hängende Schmelzgut gebracht, in welcher nun eine weitere Behandlung der Masse innerhalb des Schmelzofens geschieht. Weiter kann der Tauchkörper mitsamt der Masse aus dem Schmelzofen herausgeführt oder der Ofen vom Tauchkörper entfernt werden, und die Umgestaltung der vom Tiegel befreiten Masse geschieht außerhalb des Ofens. Ferner steht der Schmelztiegel mit einem rohrförmigen Körper so in Verbindung, daß dieser Körper bei Entfernung des Tiegels an dessen Stelle tritt und so die Widerstandsmasse in ihrer Lage hält.

In dem letzten Patente (Nr. 206 545) ist das wichtigste die Ausbildung des Tauchkörpers derart, daß das Schmelzgut in ihn hineingelangen kann und darin geformt wird. Zu diesem Zwecke ist der Tauchkörper mit einem Hohlraume versehen, welcher allein oder mit der Innenwand des Schmelztiegels zusammen als Form dient. Bei seinem Eintauchen preßt dann der Tauchkörper das Schmelzgut entweder nur in seinen Hohlraum hinein oder außerdem auch noch an die Innenwand des Schmelztiegels heran, und hierdurch vollzieht sich die Formgebung. Wird der Tauchkörper in den Schmelztiegel hinein gesenkt, so enthält der Hohlraum des Tauchkörpers jetzt das geläuterte Schmelzgut. In den ersteren läßt sich nach diesem Patente noch von oben ein Stöpsel von dem gleichen Durchmesser wie die Bohrung des Tauchkörpers einschieben, und hierdurch wird nach Entfernung des Bodenstückes des Tauchkörpers das Schmelzgut aus dem Tauchkörper hinausgestoßen. Auf diese Weise kann man in ein und demselben Schmelztiegel jeden beliebigen Quarzglaskörper herstellen indem man den Tauchkörper in jedem Falle den Tiegel ausfüllen läßt und dem Hohlraume des Tauchkörpers die jeweils gewünschte Form gibt. In dem Falle lassen sich bei zylindrischer Bohrung des Tauchkörpers Stangen formen, die nach dem Verlassen des Schmelzraumes alsbald durch mechanische Pressen weiter ausgestaltet werden. Wenn beispielsweise der Tauchkörper den Innenraum des Schmelztiegels nicht ausfüllt, so entstehen Hohlkörper mit den dem Tauchkörperhohlraume entsprechenden Innenteilen.

Schließlich sei hier noch bei der Serie der Öfen mit Widerstandserhitzung der von Vogel konstruierte Ofen[1]) erwähnt. Vogel verwendet auch einen Ofen, bei welchem der aus einem Leiter zweiter Klasse bestehende Schmelzbehälter in bekannter Weise mit einem zu seiner Vorwärmung dienenden Heizwiderstand aus einem guten Leiter verbunden ist. Ferner greift er auf die Erfindung von Heraeus [2]) zurück, der zuerst die Herstellung von Schmelzgefäßen aus Zirkon- und Thorerde vorschlug, die in der Glühhitze elektrisch leitend werden. Vogel nutzt nun weiter die von Sohlmann veröffentlichte Beobachtung[3]) aus, daß die Leitfähigkeit bedeutend wächst, wenn beiden Erden noch Lanthanoxyd zugesetzt wird. So stellte Vogel für seinen Ofen ein Schmelzgefäß aus einem Gemische von Zirkon-, Thor- und Lanthanerde her. Zum mindesten aber müssen die mit dem geschmolzenen Quarz in Berührung kommenden Wandungen des Schmelzgefäßes aus dieser Mischung sein. Es kann hieraus nach Vogels Angabe ein trichterförmiges Gefäß geformt werden, indem eine aus diesen Stoffen angefertigte Paste über eine entsprechende Form gestrichen, getrocknet, dann abgehoben und gebrannt wird. Um diese in kaltem Zustande für die Elektrizität nicht leitende Masse leitend zu machen, wird die äußere Wand des Trichters mit Graphit überzogen, wenn die Quarzmasse in dem Trichter geschmolzen werden soll, oder die innere Wand so leitend gemacht, wenn der Schmelzvorgang dann außen um den Trichter herum stattfinden

---

[1]) D.R.P. Nr. 209 421, Kl. 32 a, Gr. 35, vom 1. November 1907.
[2]) D.R.P. Nr. 179 570, Kl. 32 a, Gr. 35, siehe Anm. S. 14.
[3]) Sohlmann: Die Leitungsfähigkeit der Oxyde. Elektrotechnische Zeitschr. 1900, S. 675.

soll. In der beigegebenen Zeichnung (Fig. 3 u. 4) sind zwei Ausführungsformen dieses Ofens schematisch dargestellt. Da es mir nicht möglich war, auf Anfragen bei den Fabriken hin Angaben über die Größenverhältnisse von solchen und anderen Schmelzöfen zu erhalten — die Fabriken sehen diese Angaben als Betriebsgeheimnis an, da sie dieselben mit großen Kosten- und Zeitauf-

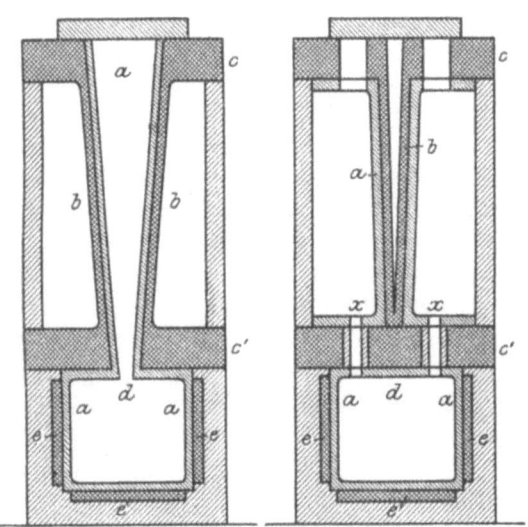

Fig. 3 u. 4.

a = Trichter aus Zirkon-Thor-Lanthanerde.
b = Stromleitender Überzug.
c, c' = Polköpfe.
d = Sammelraum aus Material wie a.

e = Stromleitungen zu Heizzwecken.
x = Durchlässe vom Schmelz- zum Sammelraum.

wand selbst ausprobiert haben —, konnten diese Öfen nicht maßstäblich gezeichnet werden. Vogel schreibt in seinem Patente, daß „die Form des Trichters und seine Wandstärke Umstände sind, die dem besonderen Falle angepaßt werden müssen, um das günstigste Ergebnis mit diesem einfachen Ofen zu erreichen. Wenn die Bedienung in Rücksicht auf Regeln und Beschickung aufmerksam ist, dann kann ein solcher Ofen am vorteilhaftesten im stetigen Betriebe Verwendung finden."

Anschließend an diese Widerstandsöfen seien nun zum Schluß noch drei Öfen besprochen, die allerdings auf ganz anderen Prinzipien beruhen, und zwar zunächst der Mehnersche Ofen, der das Prinzip der Erhitzung mittels der elektrischen Bogenlampe benutzt. Eingangs haben wir bereits gesehen, daß zwar eine Erhitzung des Quarzes im Bogenlichte selbst gar keine Resultate liefert. Mehner benutzt nun auch nicht die direkte Erhitzung mittels der Bogenlampe, sondern nutzt die Hitze der vom Bogenlicht ausgehenden Strahlen aus, die ja bedeutend geringer ist als die in der Bogenflamme selbst. Seine Erfindung hat sich Mehner patentamtlich[1]) schützen lassen. Er ordnet hierbei den Lichtbogen in dem einen Brennpunkte eines elliptischen Hohlspiegels aus Quarzglas an und bringt mittels der Strahlen eine größere Quarzmasse in der Nähe des anderen Brennpunktes zum Schmelzen. Dabei hat man die Freiheit, die Temperatur von den etwa 3000—4000° des Lichtbogens beliebig unter 2000° herabzusetzen, und zwar ohne erhebliche Verluste an der erzeugten Wärmemenge, je nachdem man den Schmelzherd im anderen Brennpunkte selbst oder in dessen Nähe anbringt. Man kann den Vorgang so leiten, daß zunächst Quarzmassen in größerer Entfernung von dem zweiten Brennpunkte ungeschmolzen bleiben und auf diese Weise eine Gefäßwand bilden. Der Apparat ist also einfach ein Schmelzherd mit einer darüber gestülpten elliptischen Haube, in deren oberem Brennpunkte ein Lichtbogen erzeugt wird. Dieses Arbeitsverfahren hat noch den Vorteil gegenüber der bekannten Anwendung des Lichtbogens zum Heizen, daß wegen der beinahe beliebigen Entfernung des Lichtbogens von der zu bearbeitenden Schmelze reduzierende Einflüsse und Verunreinigungen sehr viel besser verhütet werden können als bei unmittelbarer Bestrahlung. Da stets bei der Quarzschmelze ein sogenanntes „Läutern" des Schmelzgutes erforderlich ist, dieses aber nach dem gewöhnlichen Läuterungsverfahren wie bei Glas nicht möglich ist — die Kieselsäure ist nämlich so flüchtig, daß sie wenig über der Schmelztemperatur bereits siedet —, hat man nun den beschriebenen Apparat luftdicht abzuschließen oder mit einem festen luftdichten Mantel zu umgeben und das Innere unter Druck zu setzen. Man verstärkt also den Herd und Spiegel durch kräftiges

---

[1]) D.R.P. Nr. 203 712, Kl. 32 a, Gr. 35, vom 8. Februar 1905.

Kesselblech oder vertauscht den dauernd gebrauchten Spiegel gegen einen druckfesten. Innen erzeugt man dann in beliebiger Weise einen höheren Druck und bewirkt so, daß der Quarz dünnflüssig einschmilzt, aber nicht siedet, obgleich die Hitze durch bekannte Mittel, z. B. Vermehrung der Stromstärke, gesteigert wird. Hat man auf diese Weise einen gleichmäßigen Fluß erzielt und die Luftblasen zum Aufsteigen gebracht, so mäßigt man die Temperatur und bringt nachher den Herd unter gewöhnlichen Druck. Um die Bearbeitung vorzunehmen, sind an dem unteren Teile des Spiegels Arbeitsöffnungen und oberhalb dieser Öffnungen Fenster vorgesehen, die mehr oder weniger durchsichtig gehalten werden. Letztere sind mit einer durchsichtigen Verspiegelung verschlossen wegen der ungeheuren Strahlung der in Arbeit begriffenen Quarzgegenstände, die die Arbeiter bis zur Unmöglichkeit der Betätigung belästigt. Auch ist das intensive Licht kaum erträglich. Durch die Arbeit in dem Hohlraume des Ofens wird die ausgestrahlte Wärme im technischen Sinne gespart, indem sie nicht absorbiert, sondern zum großen Teile zurückgespiegelt wird. Auch wird die physiologische Unmöglichkeit der Quarzbläserei im großen und ganzen überwunden. Sind die Fenster mit schwachem, durchscheinendem, innerem Metallspiegelbelag versehen, so sieht man die weißglühenden Arbeitsgegenstände in sehr gedämpften Lichte, aber noch deutlich und scharf. Durch die Arbeitsöffnungen kann die Glasmacherpfeife eingetaucht werden, die natürlich aus einem genügend widerstandsfähigen Stoffe, z.B. Nickel mit Iridiumende, hergestellt oder doppelwandig und gekühlt ist. Um im Ofen eine klare Durchsicht und blanke Spiegelflächen zu erhalten, schlägt Mehner vor, in den Ofenraum oben einen mäßigen Gasstrom einzuführen, der unten abströmt und etwa gebildeten Rauch mitreißt. Dieser Gasstrom kann aus Flammengasen hergestellt werden.

Nach mir persönlich von Mehner gemachten Angaben ist dieser Ofen bislang allerdings noch nicht ausgeführt und im Betriebe ausprobiert worden. Es scheint aber eine sehr sinnreiche Erfindung zu sein, die sich in der Praxis wohl bewähren könnte, wenn vielleicht nicht die Betriebskosten wegen des vorläufig noch schwierig und teuer herzustellenden Quarzspiegels zu kostspielig sein werden. Dagegen werden in neuester Zeit, besonders von der Deutschen Quarzgesellschaft in Beuel b. Bonn, die

Borchers-Völkerschen Öfen im Betriebe verwandt. Eine Beschreibung dieser Öfen finden wir in zwei englischen Patenten[1]), die von Völker im Jahre 1908 und 1909 veröffentlicht worden sind. Das erstere betitelt der Patentinhaber: ,,Verbesserungen an oder in bezug auf elektrische Öfen". Diese Verbesserungen sind folgende:

1. Die Verwendung einer prismatischen elektrischen Verbindung zwischen zwei prismatischen Kohle- oder Graphitpolen, die dazu geeignet ist, mit beiden Polen in Berührung zu bleiben. Hierdurch wird die Bildung eines Lichtbogens vermieden.

2. Die Verminderung des Querschnitts der elektrischen Verbindung im Verhältnis zu dem der beiden Pole, so daß das Hitzemaximum in dem Material über oder um die elektrische Verbindung herum zwischen den beiden Polen herbeigeführt wird, weil dieser Verbindungsteil das Widerstandsmaximum für den Strom im ganzen Ofen darstellt.

3. Die Anwendung von Mitteln zur longitudinalen Bewegung der prismatischen Pole, so daß durch das allmähliche Zurückziehen eines oder beider Pole die Hitze der elektrischen Verbindung vergrößert oder über eine zunehmende Oberfläche der Masse im Verlaufe des Schmelzprozesses ausgebreitet werden kann, wodurch die halbflüssige Masse vor ihrem Ausströmen flüssig wird.

Durch vollständiges Herausziehen eines Poles oder beider aus dem Ofen kann man die geschmolzene Masse durch die entstandene Öffnung ausfließen lassen und während ihrer Abkühlung formen. In sehr ausführlicher Weise beschreibt nun Völker an der Hand von drei dem Patente beigegebenen Skizzen alle Einzelheiten dieser Öfen. Beiliegende Zeichnungen (Fig. 5, 6, 7) geben diese Öfen wieder. Alles Nähere über die in Zeichnungen wiedergegebenen Öfen wolle man aus den betreffenden Patentschriften selbst entnehmen, da eine nähere Erklärung derselben hier zu weit führen würde. Die beiden prismatischen Pole können auch in ihren Achsen noch mit prismatischen Höhlungen versehen sein, in denen die prismatische elektrische Verbindung geführt wird. Ferner kann man nach einem der Patentansprüche die elektrische Verbindung dadurch feststehend machen, daß sie an den Boden des Herdes angebracht wird, und daß die beiden prismatischen Pole an der

---

[1]) Englisches Patent Nr. 28276/1908, Nr. 18713/1909.

Öfen von Völker.

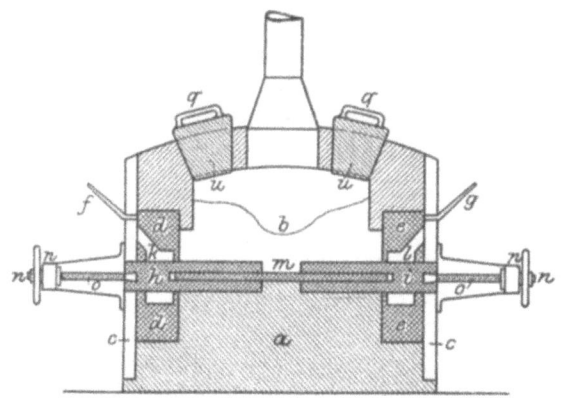

Fig. 5.

a = Mauerwerk.
b = Heerd.
c = Platten, Mauern d. Heerd.
d u. e = Plattenelektroden (Kohle usw.)
f u. g = Elektr. Konduktoren.
h u. i = Prismatische Pole.
k u. l = Stopfbüchsen.

m = Prismatische Verbindung. (Kohle usw.)
n = Handrad.
o = Schraube.
p = Klammer.
u = Einfülllöcher.
q = Stöpsel.

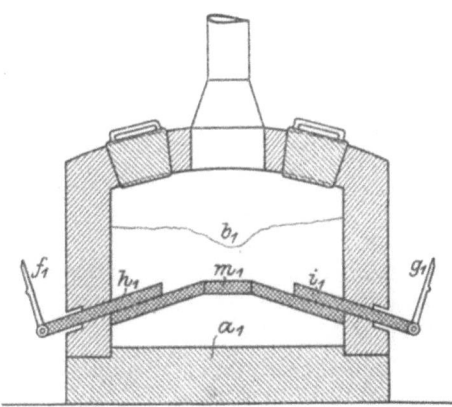

Fig. 6.

Entsprechend denen in Fig. 5, nur fehlen hier die Plattenelektroden d und e, dafür sind die prismatischen Pole h_1 und i_1 direkt mit den Kondukturen f_1 und g_1 verbunden.

Verbindung gleitend gemacht werden, um den elektrischen Kontakt zwischen ihnen zu sichern. Schließlich kann der Ofen noch derartig modifiziert werden, daß die beiden Pole in eine vertikale Achse gestellt werden, indem der obere oben am Ofen befestigt, der untere beweglich gemacht und mit der elektrischen Verbindung verbunden wird. Der letztere ist noch so gearbeitet, daß er die

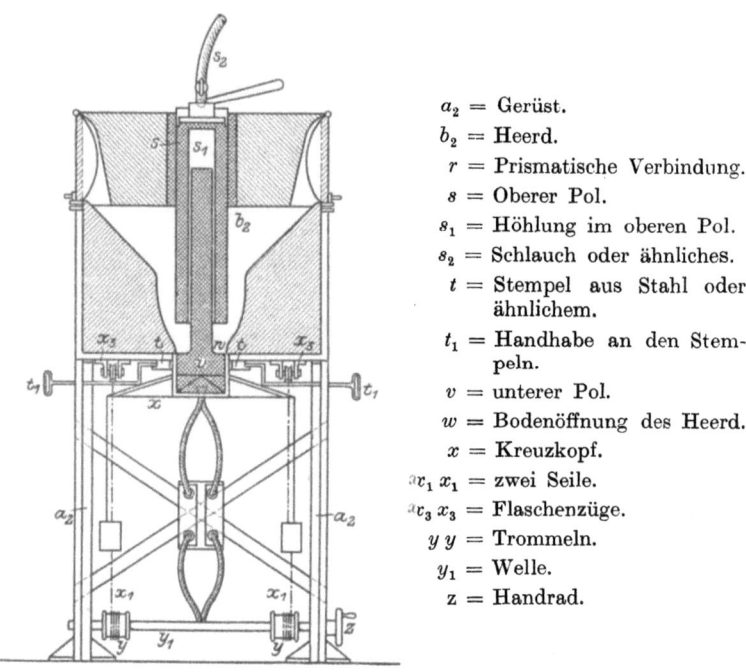

a_2 = Gerüst.
b_2 = Heerd.
r = Prismatische Verbindung.
s = Oberer Pol.
s_1 = Höhlung im oberen Pol.
s_2 = Schlauch oder ähnliches.
t = Stempel aus Stahl oder ähnlichem.
t_1 = Handhabe an den Stempeln.
v = unterer Pol.
w = Bodenöffnung des Heerd.
x = Kreuzkopf.
$x_1 x_1$ = zwei Seile.
$x_3 x_3$ = Flaschenzüge.
$y y$ = Trommeln.
y_1 = Welle.
z = Handrad.

Fig. 7.

Bodenöffnung des Ofens genau schließt und gesenkt werden kann, um die elektrische Verbindung in der austretenden plastischen Masse wirken zu lassen.

Das zweite und neueste Patent betitelt Völker: „Eine neue und erprobte Methode zum Formen von Gegenständen aus halbflüssigem Quarz oder ähnlichem Material." Die Methode, die sehr einfach, zuverlässig und billig sein soll, wird gekennzeichnet durch die Einwirkung eines Fremdkörpers auf den halbflüssigen, heiß zu bearbeitenden Gegenstand, der ganz oder teilweise in mehr oder weniger kurzer Zeit vergast werden kann. Die so dabei unter hohem Drucke entwickelten Gase können auf den Gegenstand aus Quarz zum Formen desselben durch Blasen oder durch Pressen der Schmelzmasse gegen die Innenseite der Form oder sonstwie einwirken. Den Verhältnissen entsprechend, kann der Fremdkörper entweder in eine Höhlung des plastischen heißen Quarzes eingeführt oder auf oder unter die plastische Masse gestellt werden. Man benutzt dabei eine Form, die den Fremdkörper und den herzustellenden Gegenstand einschließt, um so den Druck der aus dem Fremdkörper entwickelten Gase zu erhalten und dazu auszunutzen, daß er auf die Oberfläche des plastischen Materials wirken und letzteres gegen die Wände der Form pressen kann. Der besagte Fremdkörper kann von beliebiger Art sein. Er bestehe z. B. aus einem Deckel, Überzug, einer Hülle, einem Kasten usw., aus einem mehr oder weniger brennbaren Material wie Pappe, Papier, Leder usw. oder Zinnfolie, Asbest und sei mit einer Flüssigkeit oder einem Körper gefüllt, der verdampft oder vergast werden kann, wie Wasser, Eis, irgendein kohlensaures Salz oder ein Kohlenwasserstoff, irgend ein Öl, usw. Auch kann der Fremdkörper ein Salz sein, das durch die Hitze zersetzt wird, wie Natriumchlorid, Ammoniumchlorid usw. Auch kann die im Körper enthaltene Flüssigkeit darin gebunden sein, wie es bei Erdfrüchten, Mohrrüben, Rüben, Kartoffeln und ähnlichen der Fall ist. Am folgenden, durch beiliegende Zeichnung näher erläuterten Beispiele beschreibt Völker die Ausführung seiner Methode.

Eine aus zwei Hälften bestehende Form aus Metall oder ähnlichem Stoffe, die an der rechten Seite zusammenhängen, wird mit Zapfen versehen, welche ganz oder wenigstens fast ganz an der Form miteinander in Berührung kommen, wenn letztere geschlossen wird. Die beiden Hälften haben jede eine Höhlung von runder, ovaler oder irgend einer anderen Gestalt und mehrere Luftlöcher. Ein zylindrischer, halbflüssiger Körper aus Quarz von genügender Länge und durch Einführung eines Stempels während seines Formungsprozesses im Ofen mit einer zentralen longitudinalen Höhlung versehen, wird mit Zangen aus dem Ofen herausgezogen, schnell von dem an seinem Äußeren lose anhaftenden sandigen Quarz befreit und mit seinen Enden auf die Zapfen der unteren Formenhälfte gelegt, so daß er über die Höhlung der letzteren hängt, während seine Enden ein klein wenig über die Zapfen vorspringen. Ein zu vergasender Fremdkörper, in diesem Falle eine Kartoffel, wird in die Mitte der zentralen Höhlung des Körpers mittels eines Strohhalmes oder eines spitzen Holzstockes oder ähnlichem gestoßen, worauf die obere Formhälfte sofort herunter bewegt und fest auf die untere gepreßt wird, so daß die Zapfen die Enden des Körpers drücken, um so seine Zentralhöhlung zu schließen. Die Kartoffel wird durch die Hitze des plastischen Körpers vergast, und der Druck der entwickelten

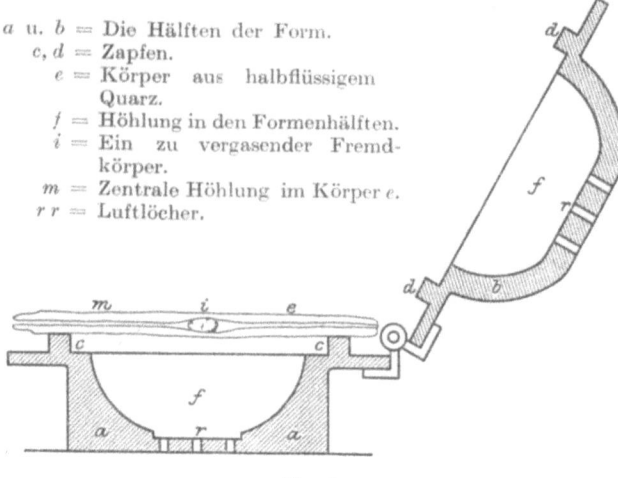

a u. b = Die Hälften der Form.
c, d = Zapfen.
e = Körper aus halbflüssigem Quarz.
f = Höhlung in den Formenhälften.
i = Ein zu vergasender Fremdkörper.
m = Zentrale Höhlung im Körper e.
$r r$ = Luftlöcher.

Fig. 8.

Gase wird nun so groß werden, daß er den ganzen Hohlkörper aufblasen und den halbflüssigen Quarz gegen die Innenseite der Form pressen wird, indem die in letzterer enthaltene Luft durch Löcher entweichen wird. In dieser Weise wird eine geschlossener Hohlkörper aus dem halbflüssigen Quarz in der Form gebildet, der dann herausgenommen werden kann, nachdem die Form geöffnet worden ist. Wenn der Körper in zwei Schalen oder Platten aus Quarz geteilt werden soll, kann die ringförmige Verbindung des Hohlkörpers in bekannter Weise weggenommen werden, z. B. mit einer Säge oder anderen Instrumenten oder einem Sandstrahlgebläse usw. Natürlich kann die Form in ihrer Konstruktion in Übereinstimmung mit dem schließlich herzustellenden Körper verschieden gestaltet werden. Sie kann aus mehreren Stücken gemacht werden, oder mehrere Stücke können in bekannter Weise zusammengesetzt werden. In dieser Hinsicht läßt sich der Ofen in verschiedensten Weisen modifizieren, die allerdings Völker in seinem Patente erwähnt und so sich hat sichern lassen. Der Druck des aus dem Fremdkörper entwickelten Gases, der hier zum Blasen des Quarzes benutzt wird, muß nach Völkers Angaben ungefähr 4—20 Atmosphären betragen, entsprechend der Art und der Größe der zu formenden Körper. Um diesen gewünschten und erforderlichen Druck zu erhalten, muß natürlich das Gewicht des Fremdkörpers reguliert und daraus die Menge Dampf oder Gas berechnet werden, die er entwickeln muß, um den Druck auf die gewünschte Höhe zu heben. Um für die ungefähren Größenverhältnisse dieses Ofens ein Beispiel zu geben, sei erwähnt, daß die Länge der einzuführenden plastischen Masse 700 mm und der Durchmesser der inneren Höhlung derselben 20 mm betragen kann (nach Angaben von Mehner). Gegenwärtig wird von der Deutschen Quarzgesellschaft in Beuel mit Hilfe dieses Ofens gearbeitet, und auf diese Weise werden schon Schalen, Kasten, Becher und sonstige Hohlkörper hergestellt. (Fig. 8, 9, 10.)

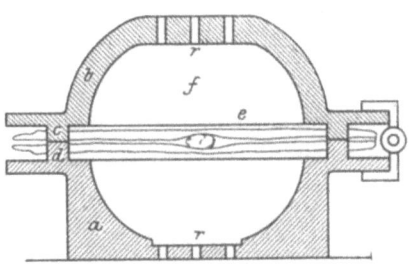

Fig. 9.

Die Buchstabenbezeichnungen gelten hier ebenso wie bei Fig. 8.

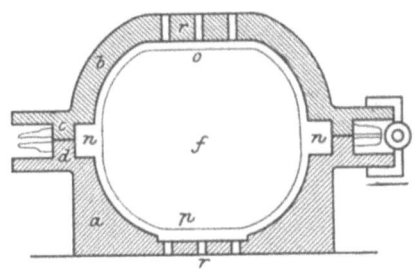

Fig. 10.

Siehe die Buchstabenbezeichnung bei Fig. 8; außerdem ist op = ein geschlossener Hohlkörper mit der ringförmigen Verbindung n.

V. Verarbeitung der Quarzglasschmelze.

Obwohl nun bereits bei der Beschreibung der Öfen gleichzeitig die Weiterverarbeitung der Schmelzmasse zu fertigen Gegenständen besprochen war, sei doch noch ein „Verfahren und eine Vorrichtung zur Herstellung von Quarzglashohlkörpern aus einem im Schmelzofen unmittelbar gewonnenen Zylinder" besprochen, das sich Bottomley und Paget in Deutschland haben patentieren lassen [1]). Diese Erfindung gründet sich auf die durch eine Reihe von Versuchen gemachte Erfahrung, daß ein geschmolzener Quarzzylinder, unmittelbar nachdem er aus dem Ofen entnommen ist, unter Wegfall des Wiedererhitzens usw. gezogen, geblasen oder sonstwie ausgedehnt werden kann. Zu dem Zwecke wird, wie die Patentinhaber angeben, die Düse einer Zange in eines der Enden des im elektrischen Widerstandsofen hergestellten bildsamen Glaszylinders eingesteckt und die plastische Masse mittels der Zangenbacken ringsum angepreßt. Gleichzeitig wird das andere Ende des Zylinders durch eine andere Zange von geeigneter Form durch Zusammendrücken geschlossen. Der Zylinder wird dann aus dem Ofen entfernt und ausgezogen unter gleichzeitigem Einlassen von Druckluft durch das Rohr der Düse, um die gewünschte Zylinderform und deren Größenverhältnisse zu erhalten. Hierbei muß beim Entnehmen des Rohres aus dem Ofen und dem ersten Ziehen eine beträchtliche Kraft aufgewendet werden, um den Anfangswiderstand zu überwinden. Wenn letzteres erreicht ist, wird die Masse weicher und kann leicht ausgezogen werden. Für die dazu erforderlichen Kräfte bei dieser Arbeitsmethode geben die Patentinhaber folgende Zahlen als Beispiel an: Ein bildsamer Quarzglaszylinder von ungefähr $4\frac{1}{2}$ kg Gewicht wurde in einem elektrischen Ofen von 1000 Ampère Stromstärke und 15 Volt Spannung auf einem von reinem Glasmachersand umgebenen Graphitkern von 60 cm Länge und $2\frac{1}{2}$ cm Durchmesser gebildet und 30 Min. lang der Hitze ausgesetzt. Darauf konnte derselbe, wie vorher beschrieben, behandelt und zu einem Rohre von über 9 m Länge ausgezogen werden. Es wurde gefunden, daß ein Anfangszug von 25 kg unter den obigen Bedingungen erforderlich war, der sich auf 12 kg ermäßigte, sobald das Quarzglas sich zu

---

[1]) D.R.P. Nr. 174 509, Kl. 32 a, Gr. 35, vom 1. Juni 1905.

strecken begonnen hatte. Wie man sieht, hat die Technik also auf diesem Gebiete schon recht ansehnliche Erfolge zu verzeichnen, auf Grund deren weiter zu arbeiten, um so noch mehr zu erreichen, wohl der Mühe verlohnt. Wenn nun dieser bildsame Quarzzylinder in Formen behandelt werden soll, ist das Verfahren ähnlich. Die Düse der Zange wird in das eine Ende des Zylinders eingesteckt und die bildsame Masse wie zuvor ringsum angepreßt. Das andere Ende des Zylinders kann durch eine geeignete Zange geschlossen werden, die gleichzeitig das unregelmäßige Ende abschert. Der Zylinder wird nach dem Schließen des einen Endes mit der Zange in eine Form eingesenkt, die aus irgendeinem gegen hohe Temperatur widerstandsfähigen Stoffe hergestellt ist. Sodann wird Druckluft eingelassen, die die bildsame Masse in der Form aufbläst. Wenn die zu formende Masse außen durch ungeschmolzenes Gut rauh ist, so kann die Form mit einer Reihe von Löchern versehen werden, damit der lose Sand entweichen kann.

Um nun manche auf diese oder andere oben angegebene Weise hergestellten Quarzglasgegenstände für die Praxis brauchbar zu machen, müssen teilweise metallene Zubehörteile daran befestigt werden können. Hierfür nun ein passendes Verfahren zu finden, war erst nicht leicht. Da trat für diesen Fall zuerst im Jahre 1905 die Firma W. C. Heraeus mit einem Patente[1]) an die Öffentlichkeit, das, soviel ich in Erfahrung bringen konnte, für diesen Zweck das einzige bis jetzt existierende ist. Dieses ist dadurch gekennzeichnet, daß der Quarzglasgegenstand mit dem Metalle umgossen wird. Da das Quarzglas eine Zusammenziehung nicht erleidet, bewirkt der durch die Zusammenziehung des Metalles nach dem Gießen entstehende Druck eine feste Vereinigung beider Teile. Hierbei wird der Quarzglaskörper an der Befestigungsstelle des Metallteiles vorher mit einem nachgiebigen feuerfesten Stoffe umhüllt, welcher der Zusammenziehung des umgegossenen Metalles nachzugeben vermag.

In einem weiteren Patente[2]) gibt dieselbe Firma ein Verfahren an, um Quarzglasgefäße, welche mit bei gewöhnlicher Temperatur festen Metallen gefüllt sind, gegen Zertrümmerung beim Schmelzen und Erstarren des Metalles zu schützen. Dieses Verfahren ist da-

---

[1]) D.R.P. Nr. 176 512, Kl. 32 a, Gr. 35, vom 13. September 1905.
[2]) D.R.P. Nr. 170 874, Kl. 21 f, Gr. 82, vom 18. April 1905.

durch gekennzeichnet, daß auf der inneren Gefäßwand, soweit sie mit dem Metall in Berührung steht, ein pufferartiger Überzug aus Kohle angebracht wird. Letzterer wird aus Kohlenwasserstoffen, die sich im Inneren der Schmelzlampe befinden, durch Erhitzen der Gefäßwand von außen erzeugt.

Schließlich seien noch einige beim Arbeiten mit der geschmolzenen Quarzmasse zu beachtende Vorsichtsmaßregeln und einige Eigenschaften dieses Schmelzproduktes erwähnt, wie sie Bronn in einem besonderen Artikel besprochen hat [1]). Die Quarzmasse darf, solange sie weich ist, unter keinen Umständen mit Eisenwerkzeugen berührt werden. Das Eisen (auch selbst Schmiedeeisen) sprüht schon bei geringster Berührung mit der schon ganz zäh gewordenen Quarzmasse außerordentlich stark und verusacht auf der Oberfläche des Quarzes tiefschwarze Flecke, die sich jedoch in der übrigen Quarzmasse, wie es scheint, nicht auflösen. Die von den Elektroden (namentlich Drahtelektroden) abfallende Asche macht die sonst sehr schön aussehende emailleartige Quarzmasse ebenfalls fleckig. Die dünnen Quarzfäden sind ganz durchsichtig, die stärkeren, stark glänzenden sind es nicht. Ein Teil der SiO_2 verdampft vor dem Schmelzen, und die entstandenen weißen Dämpfe kondensieren sich auf den umliegenden Gegenständen zu einem weißen, zarten, käseartigen Niederschlag. Nimmt man zum Schmelzen statt Sand Quarzstücke, so erhält man blendend weiße Schmelzen. Auch hat es sich herausgestellt, daß das erhaltene Schmelzprodukt, wenn der Quarz infolge des Eisengehaltes rote Adern aufweist, schneeweiß ist und, mit Säuren behandelt, keine Eisenreaktion mehr aufweist, was sich dadurch erklären läßt, daß sich die Eisenoxyde schon, bevor die Masse zum Schmelzen kommt, verflüchtigen.

VI. Eigenschaften.

1. Physikalische Eigenschaften.

Anschließend an die Fabrikationsmethoden mögen nun noch die Eigenschaften des Quarzglases in physikalischer und chemischer Beziehung besprochen werden. Als wichtigste Eigenschaft des

---

[1]) I. Bronn, Wilmersdorf-Berlin, Elektrochemische Zeitschr. 1904, Bd. 11, S. 186.

Quarzglases ist hier die bereits oben erwähnte anzuführen: Die vollständige Unempfindlichkeit gegen große und plötzliche Abkühlung. Ein auf Weißglut und bis zum Erweichen erhitztes Stück Quarzglas kann man ohne weiteres in Eiswasser oder auch flüssige Luft werfen, ohne daß es zerspringt. Dieses beruht auf seinem äußerst geringen Ausdehnungskoeffizienten. D. Minchin[1]) fand, daß die Ausdehnung des Quarzglases von Zimmertemperatur bis 950⁰ durchaus gleichmäßig verläuft, ohne eine plötzliche Änderung, wie sie Le Chatelier beobachtet hatte; auch konnten keine Nachwirkungserscheinungen nachgewiesen werden. Der Ausdehnungskoeffizient ist gleich 0,000 000 59, also ungefähr der 17. Teil von dem des Glases. Da die flüssige Luft durchschnittlich eine Temperatur von — 180⁰ bis — 192⁰ hat, beträgt die Temperaturdifferenz zwischen dem bis zum Erweichen erhitzten Quarz (rd. 2000⁰) und der flüssigen Luft rund 2200⁰, und selbst diese gewaltige Differenz hält das Quarzglas aus, ohne zu springen oder sonstwie Schaden zu erleiden; was von ganz besonderer Bedeutung für die Wissenschaft und Technik ist. Über diese Ausdehnung des Quarzglases bei der Temperatur der flüssigen Luft hat Scheel besondere Versuche angestellt und veröffentlicht [2]). Auch besitzt das Quarzglas eine große Elastizität und Bruchfestigkeit, worüber F. A. Schulze verschiedene Angaben gemacht hat [3]). Es ist, verglichen mit dem gewöhnlichen Glas, etwas weniger empfindlich gegen Schlag, Stoß und Fall. Sehr interessante Angaben über das Schmelzen und den Umwandlungspunkt des Quarzglases macht G. Stein in seiner 1907 veröffentlichten Dissertation [4]). Er stellte fest, daß der Quarz bei 1600⁰ zähflüssig, bei 1750⁰ bereits dünnflüssig wurde und hier sublimierte. Das Sublimat setzte sich in mehreren Ringen ab, von denen der oberste aus Tridymit bestand. Auch selbst bei langsamer Abkühlung (in einer Stunde von 1700⁰ auf 1500⁰) kristallisierte er nicht. Witt dagegen gibt an [5]), daß

---

[1]) Phys. Revue 1907, Nr. 24, S. 1.
[2]) Beiblätter z. d. Annalen d. Phys. 1907, S. 775, u. 1908, S. 1108.
[3]) F. A. Schulze, Elastizitätskonstanten und Bruchfestigkeit des amorphen Quarzes, Ann. d. Phys. 1904, S. 384.
[4]) Zeitschr. f. anorgan. Chem. 1907, Bd. 55, S. 159. Chem. Zentralblatt 1907, Bd. 2, S. 1216. Diss. Göttingen 1907.
[5]) Prometheus, Jahrg. 1906, S. 209 ff., „Über starre Flüssigkeiten und die Kinder des Quarzes".

der geschmolzene Quarz in verschiedenartiger Weise zu erstarren vermag, je nachdem sich dieser Vorgang rasch oder langsam abspielt. Bei rascher Abkühlung entsteht das amorphe Quarzglas, das Quarzgut, bei langsamem Erstarren dagegen macht sich die Tendenz zur Kristallbildung geltend, welche umsomehr überhand nimmt, je längere Zeit der Erstarrungsprozeß beansprucht. Mallard und Le Chatelier sowie van Samen und Tammann (Ann. d. Phys. 1903, Bd. 10, S. 879) hatten gefunden, daß der Quarz bei 570^0 bzw. 500 bis 550^0 beim Erhitzen eine diskontinuierliche Ausdehnung zeigte. Stein dagegen wies bei Aufnahme von Erhitzungs- und Abkühlungskurven nach, daß Quarzsand bei 552^0 einen festen Haltepunkt hatte, mithin der Umwandlungspunkt des Quarzes vom kristallinischen in den amorphen Zustand bei 552^0 lag.

Weiter sind besonders vom National Physical Laboratory Untersuchungen über die Entglasungstemperatur am englischen Quarzglas angestellt worden, deren Resultate die Firma Hülsen & Co. in New-Castel in ihrer neuesten Broschüre [1] veröffentlicht hat, indem sie schreibt: „Im allgemeinen beginnt der Verlust an Stärke kaum bei 1120^0; bei 1188^0 war er bemerkbar, indessen nicht bedeutend, selbst nicht nach achtstündiger Erhitzung; eine vierstündige Erhitzung bei 1350^0 ergab jedoch einen Stärkeverlust von 40 bis 50 %, ein Beweis, daß letzterer mit der Temperaturerhöhung sehr rasch zunimmt". Daraus ist zu schließen, daß man doch, wenn auch geschmolzener Quarz nicht anhaltend einer Temperatur von über 1200^0 ausgesetzt werden darf, mit demselben bei einer selbst höheren Temperatur arbeiten kann, sobald diese Erhitzung nicht zu lange andauert.

Eine weitere wichtige physikalische Eigenschaft des geschmolzenen Quarzes ist seine große Widerstandsfähigkeit gegen den elektrischen Strom, da dieselbe, verglichen mit dem des Glases, Porzellans oder ähnlichen Materials mit zunehmender Temperatur bedeutend langsamer abnimmt. Es eignet sich daher ausgezeichnet zu elektrischen Isolatoren.

In seiner Dissertationsschrift [2] veröffentlicht Stierlin noch

---

[1] „Reiner geschmolzener Quarz, genannt Vitreosil."
[2] Hans Stierlin: Einige phys. Eigenschaften des gegossenen Quarzes. Zürich 1907.

einige neuere Zahlen über einige physikalische Eigenschaften des "gegossenen" Quarzes. Während Chappius an einer vollständig blasenfreien Quarzlinse (Zeiss) für die Dichte des Quarzglases die Zahl 2,2016 fand (und Deville 2,21—2,23, H. Rose 2,190 bis 2,218), ermittelte Stierlin auf Grund seiner Versuche an einem von der Firma Heraeus gelieferten zylinderförmigen Quarzstücke (ca. 25 mm lang und 15 mm dick) als Mittel die Dichte des amorphen Quarzes zu 2,2042 bei 16,8°. Dagegen beträgt die des englischen Quarzgutes 2,207. Ferner fand Stierlin noch als Maß für die spezifische Wärme des Quarzes zwischen 138° und 20° die Zahl 23,96.

Wichtig, besonders zur Verwendung für optische Zwecke, ist aber das Quarzglas wegen seiner optischen Eigenschaft: der Durchlässigkeit für ultraviolette Strahlen. Zschimmer[1]) hat aus Quarzglas Gläser herstellen können, welche für 280 µ µ in 1 mm Schichtdicke noch die Hälfte der Intensität durchlassen, das sichtbare Spektrum dagegen bis zum Blau absorbieren. Gifford und Shenstone haben auch auf diesem Gebiete Versuche gemacht und diese veröffentlicht[2]).

Die Durchdringlichkeit der Quarzgefäße für Wasserstoff und Helium haben Villard, Jacquerrod und Perrot beobachtet. Berthelot[3]) fand, daß dasselbe, wenn auch in weniger starkem Maße, für Stickstoff und Sauerstoff der Fall ist. Eigenartig ist das Verhalten der Kohlenwasserstoffe zum Quarzglase. Berthelot hat reines Methan unter 360 mm Druck eine halbe Stunde lang in einer 4 ccm fassenden Quarzröhre auf 1110° erhitzt und fand dann nach dem Erkalten der Röhre diese mit freiem Kohlenstoff gefüllt. Wurde dann aber dieselbe Röhre eine Stunde lang auf 1300° erhitzt, so war sie nach dem Erkalten durchsichtig und frei von Kohlenstoff. Beim Öffnen der Röhre stand ihr Inhalt unter halbem Atmosphärendruck und bestand aus Stickstoff, wenig Sauerstoff und Kohlendioxyd. Berthelot schloß daraus, daß die Zersetzungsprodukte des Methans, C und H, nach und nach außerhalb und innerhalb der Röhre auf Kosten des Sauerstoffs verbrannt worden waren. Die atmosphärische Luft war

---

[1]) Beiblätter zu den Ann. d. Phys. 1905, S. 27.
[2]) Comptes rendus, Bd. I, S. 243. Chem. Zentralbl. 1904, I, S. 709.
[3]) Chem. Zentralbl. 1905, I, S. 1201.

allmählich während des zweiten Versuches durch Endosmose in die Röhre gelangt, die geschmolzene und dann wieder erstarrte Kieselsäure des Quarzgefäßes verhält sich also den Gasen gegenüber bis zu einem gewissen Punkte wie eine zur Endosmose und Exosmose befähigte tierische Membran. Dasselbe zeigte Berthelot [1]) beim Erhitzen von Naphthalin auf 1300^0 im Quarzglase. Bei dieser Temperatur blieb nur Kohle zurück, während der Wasserstoff langsam hinausdiffundiert war. Die gleichen Versuche mit den gleichen Resultaten wie beim Methan machte Berthelot mit Formaldehyd. Auch hier war Luft während des Versuches hineindiffundiert. Im Gegensatz hierzu erklärt Huber, daß er bei seinen Versuchen unter gewöhnlichem Drucke bis zu 1000^0 niemals einen Durchgang des Wasserstoffes durch die Wand der Quarzröhre beobachtet habe, und er mit Quarzröhren und Porzellanröhren die gleichen Ergebnisse erhalten habe.

2. Chemische Eigenschaften.

Im Anschluß an die physikalischen Eigenschaften des Quarzglases seien noch die besonders für die Praxis, die Technik wichtigen chemischen besprochen. Da ist vor allem seine Widerstandsfähigkeit gegen Säuren zu nennen. Außer Flußsäure und Phosphorsäure greift keine Säure, selbst nicht die konzentrierteste Schwefelsäure und auch nicht Königswasser, das Quarzglas irgendwie an. Die Reaktion von Phosphorsäure auf Quarz beginnt allerdings erst bei über 400^0, so daß es für alle gewöhnlichen Zwecke für diese Säure ruhig benutzt werden kann. Die Kieselsäure ist als einzige bekannte Sauerstoffverbindung des Siliciums keiner weiteren Oxydation fähig, und darauf beruht eben die Säurebeständigkeit. Gegen Reduktion ist die Kieselsäure schon durch die hohe Wärmetönung geschützt. Angegriffen wird das Quarzglas von Metalloxyden, sobald sie flüssig oder in Lösung einwirken können. Auch gegen hohe Temperaturen ist Quarz unempfindlich, so daß sich reines Eisen und auch Platin im Quarztiegel schmelzen lassen. Eine Vorsichtsmaßregel muß aber beim Erhitzen eingehalten werden. Das Quarzgut darf bei hoher Temperatur nicht mit Kohlenoxyd oder freiem Wasserstoff in

---

[1]) Berthelot, Durchlässigkeit von Quarzglas. Chem. Zentralbl. 1905, II, S. 1305. Zeitschr. f. Elektrochemie 1905, S. 624.

Berührung kommen; das Gefäßmaterial wird zwar nicht ohne weiteres reduziert, aber durch katalytische Einflüsse findet eine Umwandlung in die kristallinische Form statt, wodurch die Gefäße ihre Festigkeit verlieren und unbrauchbar werden. Moissan und Berthelot haben verschiedene Versuche über die chemischen Eigenschaften, insbesondere über das Verhalten der Quarzgefäße gegen Kohlenwasserstoffe, gegen Gase, wie Wasserstoff und Helium, gemacht. So hat Moissan [1]) ein Gemisch von Zuckerkohle und Ätzkalk in einem Quarzglasröhrchen in einem Kalkofen mit Hilfe eines Sauerstoff-Leuchtgasgebläses auf die Schmelztemperatur des Platins erhitzt und festgestellt, daß sich bei dieser Temperatur kein Calciumkarbid bildete. Hierbei machte er die Beobachtung, daß die Kieselsäure bereits vor ihrem Schmelzpunkte eine nicht unbeträchtliche Dampftension besitzt, indem sie bei 1200⁰ auf dem Kalke langsam kleine Nadeln eines in Wasser und verdünnten Säuren unlöslichen Kalksilikates bildete, was einer häufigen Benutzung von Quarzgefäßen im Wege steht.

In der Physikalischen Reichsanstalt sind von E. Mylius und A. Meusser Versuche über die Anwendbarkeit von Quarzglasgefäßen im Laboratorium gemacht worden[2]), und zwar an Quarzglas der Firma W. C. Heraeus. F. Kohlrausch fand, daß Wasser den verglasten Quarz nicht merklich angreift, selbst nicht bei längerer Wirkungsdauer bei 80⁰. Auffällig ist die Neigung zu Siedeverzügen, was allerdings leicht ein großer Nachteil sein kann. Lösungen von KOH, NaOH, NH₃ und alkalischen Salzen greifen die Quarzgefäße besonders in der Hitze an. In sechs Monaten bildeten sich aus dem unter Luftabschluß im Quarzrohre eingeschlossenen Barytwasser Kristalle von Bariumsilikat. Aus 30 proz. Kalilauge wird Kalilauge absorbiert, so daß es durch mehrfaches Ausspülen mit kaltem Wasser nicht, wohl aber durch Kochen entfernt werden kann. Mit 30 proz. Natronlauge wurde eine solche Absorption nicht beobachtet. Gewisse Farbstoffe, wie Methylenblau, Kongorot, werden aus ihren Lösungen in sehr kleiner Menge absorbiert. — Freie Gasflammen verursachen bei längerer Einwirkung Korrosion der Quarzoberfläche.

---

[1]) Comptes rendus, Bd. I, S. 243; Chem. Zentralbl. 1904, I, S. 709.
[2]) Zentralbl. 1905, I, S. 1201 u. 1202. Zeitschr. f. anorgan. Chem., Bd. 44, S. 221—224.

VII. Verwendungen.

Wegen dieser so vielseitigen guten Eigenschaften und wegen seiner bislang verhältnismäßig leichten Verarbeitungsmöglichkeit zu den verschiedenen Formen ist es möglich gewesen, dieses Quarzglas in einem so relativ kurzen Zeitraume seit seiner Erfindung in die Technik einzuführen. An den mir von der Deutschen Quarzgesellschaft in Beuel in freundlichster Weise kostenlos zur Verfügung gestellten Quarzsachen, wie Tiegel, Schalen, Tiegeldeckel und Röhren in verschiedensten Dimensionen und an den mir zugesandten Photographien konnte ich ersehen, wie weit die Fabrikation schon auf diesem Gebiete vorgeschritten ist. Während die mir zuerst zugesandten Sachen noch fast ganz undurchsichtig waren, waren die mir später zugesandten, nach dem neuesten Verfahren dieser Firma unter gleichzeitiger Benutzung des elektrischen Ofens und der Knallgasflamme hergestellten Tiegel einmal in der Wandstärke viel dünner und außerdem, wenn auch noch nicht glasklar, so aber doch bereits sehr stark durchscheinend. Diese wie auch andere Firmen stellen bereits Schalen, Muffeln, Flaschen, Röhren, Reagenzgläser, Tiegel, Trichter, Mörser usw. für die chemische Industrie und chemische Laboratorien, sowie Kochtöpfe, Wandplatten und auch Ziergefäße her, und es erscheint nicht zweifelhaft, daß sich bald noch weitere Verwendungsgebiete für dieses neue Material finden werden. Hofft man doch, später so weit zu kommen, daß man das Quarzglas aus reinem Sande vollständig durchsichtig und vor allem so billig herstellen kann, daß es im bürgerlichen Haushalte wegen seiner Dauerhaftigkeit und Durchsichtigkeit zu Koch- und Backgefäßen an Stelle des Steingutes oder Porzellanes verwandt werden kann. Für wissenschaftliche Zwecke findet das Quarzglas jetzt, besonders dank der Erfindungen und der Bemühungen der Firma Heraeus, hauptsächlich Anwendung beim Quarzglaswiderstandsthermometer. Über die Vorteile dieses Thermometers gegenüber dem alten Quecksilberthermometer hat Dr. E. Haagn[1] folgende Angaben gemacht. Einmal hat das von Heraeus hergestellte Thermometer eine sehr handliche Form,

---

[1] Zeitschr. f. angew. Chem. 1907, Bd. 20.

die der des Quecksilberthermometers ähnlich ist. Ein Vorteil gegenüber dem letzteren liegt darin, daß der aus dem Ofen ragende Teil des Thermometers keinen Einfluß auf die Temperaturangabe ausübt. Ferner ist eine thermische Nachwirkung nicht vorhanden. Während bei allen Glasthermometern nach etwa 90 stündiger Erhitzung [1]) Aufstiege bis etwa 20^0 zu bemerken sind, leiden Quarzglasthermometer in Temperaturinterwallen bis 750^0 durch Überhitzen keinen Schaden. Auch spricht das neue Thermometer weit rascher an als das Quecksilberthermometer. Ohne weiteres ist es für Temperaturen von -100^0 bis $+700^0$ brauchbar. Aber auch bei 900^0 und darüber erleidet es, wie Versuche ergeben haben, keine Veränderung, so daß es bei geeigneter Montierung auch für höhere Temperaturen brauchbar sein wird. Weiter findet noch das Quarzglas für einen für wissenschaftliche Arbeiten brauchbaren Apparat Verwendung, und das ist die auch von der Firma Heraeus hergestellte Quarzglasquecksilberlampe oder die Quarzglasamalgamlampe von Dr. Leo Arons. Für die Schwefelsäure- und Salpetersäurefabrikation ist das Quarzglas auch bereits wichtig geworden und wird langsam dort eingeführt. Wegen seiner Unangreifbarkeit selbst durch die konzentrierteste Schwefelsäure und Salpetersäure wird es bei ersterer schon jetzt an Stelle der teuren Platinschalen als Konzentrationsschalen, ferner noch bei verschiedenen Teilen dieser Fabrikation, wie bei der Salpetersäureeinführung, beim Gloverturm als Ersatz der Bleilippen und -rinnen, als Schalen bei dem Terrassensystem, als Kühlschlangen und anderes hauptsächlich in England verwandt, und dort hat man sehr günstige Resultate damit erzielt. Auch stellt die Firma Hülsen & Co. unter anderem bereits elektrolytische Gefäße aus „Vitreosil" her, die besonders für die elektrolytische Raffination des Goldes benutzt werden. Ferner werden verschiedene Artikel für elektrische Zwecke außer den bereits oben erwähnten hergestellt, so Pyrometerröhren, Röhren für elektrische Heizapparate, und in der Herstellung von Glühfädenlampen finden „Vitreosilröhren" und Schiffchen für Erhitzung der Glühfäden Verwendung. Der englischen Firma Hülsen & Co., deren Quarzglas vollständig undurchsichtig ist, ist es gelungen, Quarzglas oder „Vitreosil"

---

[1]) A. Kühn, Zentralbl. 1910, I, S. 1665.

mit einem vorzüglichen Glanze herzustellen, welcher entweder dem der Perlmutter ähnlich sein kann oder das Aussehen von Silber hat. Der Glanz ist durch die reflektierende Oberfläche stark ausgedehnter Luftblasen begründet, daher ist er auch beständig und kann nicht matt werden. Wegen dieses Glanzes läßt sich das „Vitreosil" zu hübschen Kunst- und Dekorationsgegenständen wie Lampenzylinder, Lampenglocken und anderen verarbeiten.

Zum Schlusse dürfte es wohl von allgemeinem Interesse sein, zu erfahren, wie verschieden sich die Preise der von Heraeus aus Bergkristall und der von der „Deutschen Quarzgesellschaft" aus Sand hergestellten Waren — in diesem Falle sei der Preis für Röhren gewählt — stellen. Folgende Tabellen, die aus den mir zur Verfügung stehenden Preislisten beider Firmen entnommen sind, mögen dieses näher erläutern.

Diesen Tabellen kann man nun folgende recht interessanten Zahlen entnehmen.

Bei den Quarzröhren von 1 mm Wandstärke und 5 mm innerem Durchmesser aus Bergkristall kosten je 10 cm 4 M, während von solchen in denselben Abmessungen aus reinem Sand hergestellten je 1 m Länge nur 4,25 M kostet. Bei 1 mm Wandstärke, aber 10 mm innerem Durchmesser erhöht sich der Preis für Röhren aus Bergkristall für je 10 cm auf 6,50 M, während bei solchen mit gleichen Abmessungen aus Sand bei je 1 m Länge der Preis nur auf 9,00 M steigt. Bei letzteren würden also 10 cm nur 0,90 M kosten, im Gegensatz zu den ersteren, bei denen 10 cm zu 6,50 M im Preise stehen.

Vergleichen wir schließlich noch die Tabellen 2 und 3 miteinander, so sehen wir, daß die Preise der von der „Deutschen Quarzgesellschaft" und der von der englischen Firma Hülsen & Co. gelieferten Waren im Preise verhältnismäßig wenig differieren.

Aus den zur Verfügung stehenden Preistabellen der beiden ersterwähnten Firmen ließen sich noch andere interessante Zahlen zum Vergleiche zusammenstellen; doch das würde hier zu weit führen.

Leider war es mir nicht möglich, einige statistische Zahlen über das Wachsen der Fabrikation und des Absatzes während der letzten 5 Jahre zu erhalten, was doch für die ganze chemische Industrie von großem Interesse sein könnte.

Verwendungen.

I. Preise für Röhren bei der Firma Heraeus.

Wandstärke	Innerer Durchmesser in mm					
	5	10	15	20	25	
ca. 0,5 mm	2,—	3,25	4,75	6,50	8,—	Preis in Mark für je 10 cm Länge.
„ 0,75 „	3,—	4 75	7,—	9,50	12,—	
„ 1 „	4,—	6,50	9,50	12,50	16,—	

II. Preise für Röhren (gezogen) bei der „Deutschen Quarzgesellschaft".

Lichte Weite mm	Wandstärke mm	Preis pro Meter in Mark
2	$1/2$—1	1,80
3	1—2	3,—
4	1—2	3,50
5	1—2	4,25
7	1—2	6,75
10	1—2	9,—

III. Preise für Röhren (gezogen) bei der englischen Firma.

Lichte Weite mm	Wandstärke mm	Preis pro Meter in Mark
1—2	0,5—3	1,90
3	0,5—2,5	3,15
4—5	0,5—2	4,60
6—7	0,5—2	6,60
8	0,5—2	7,90
9—10	1—2	9,30

Aus obigem ist also zu ersehen, daß das Verwendungsgebiet für Quarzglas ein außerordentlich großes ist. Wenn die Herstellungskosten sich erst bedeutend ermäßigen lassen, wird das Quarzglas das alte Glas und vielleicht auch das Porzellan und Steingut in vielen Zweigen der chemischen und anderen Industrien verdrängen. Mithin hat diese neue Industrie noch eine große Zukunft.

Literatur-Zusammenstellnng.

A. Deutsche Literatur.

1. Berichte bzw. Verhandlungen des Internationalen Chemikerkongresses zu Berlin 1903: Vortrag von Heraeus über Quarzglas.
2. Deutsche Reichspatente.
3. Sohlmann, Die Leitungsfähigkeit der Oxyde. Elektrotechnische Zeitschr. 1900, S. 67.
4. J. Bronn, Elektrochemische Zeitschr. 1904, Bd. 11, S. 186.
5. Physikalische Revue 1907, Nr. 24, S. 1.
6. Beiblätter zu den Annalen der Physik 1907, S. 775; 1908, S. 1108, und 1903, S. 27.
7. Annalen der Physik 1904, S. 384. F. A. Schulze.
8. Zeitschr. für anorganische Chem. 1907, Bd. 55, S. 159 u. Bd. 44, S. 221—224.
9. Chemisches Zentralblatt 1904, I, S. 709; 1905, I, S. 1201; 1905, II, S. 1305; 1907, II, S. 1216; 1910, I, S. 1665.
10. G. Stein, Dissertation, Göttingen 1907.
11. Prometheus, Jahrg. 1906, S. 209 ff.
12. H. Stierlin, Dissertation, Zürich 1907.
13. Zeitschr. für Elektrochemie 1905, S. 624.
14. Zeitschr. für angew. Chem. 1907, Bd. 20.

B. Englische Literatur.

1. Nature, vol. 64, 1901, pag. 65—67.
2. Transactions of the American Electrochemical Society, vol. II, 1902, pag. 105.
3. Englische Patente Nr. 28 276/1908 u. Nr. 18 713/1909.
7. Hülsen & Co., Broschüre: Reiner geschmolzener Quarz(„Viterosil").

C. Französische Literatur.

1. Comptes rendus, Bd. I, S. 243.

MIX
Papier aus verantwortungsvollen Quellen
Paper from responsible sources
FSC® C105338

If you have any concerns about our products,
you can contact us on
ProductSafety@springernature.com

In case Publisher is established outside the EU,
the EU authorized representative is:
**Springer Nature Customer Service Center GmbH
Europaplatz 3, 69115 Heidelberg, Germany**

Printed by Libri Plureos GmbH
in Hamburg, Germany